저기 어딘가
블랙홀

이지유 과학 에세이

저기 어딘가
블랙홀

감춰져 있던 존재의 '빛남'에 대하여

한겨레출판

책을 시작하며

글은 무엇으로 쓸까?

글은 발로 쓴다!

이렇게 말하면 혹시 내가 발에 연필을 끼우고 글을 쓴다고 오해할 사람이 있을까 싶어 설명을 조금 보태자면, 글을 쓰는 데 가장 중요한 것은 경험이라는 뜻이다. 즉, 다양한 경험을 쌓으려면 부지런히 발을 놀려야 한다는 의미다.

나처럼 과학 전반을 소재로 삼고 글을 쓰는 과학 논픽션 작가에게는, 다양한 인생 경험을 쌓는 것이 과학 지식을 익히는 것만큼 중요하다. 어려운 과학 지식을 독자들에게 전달하려면 적절한 비유와 예시를 들어야 하는데 이때 풍부한 경험이 큰 도움이 된다.

비유와 예시를 통해 과학 지식을 쉽고 정확하게 설명하려면 원리를 꿰뚫어야 한다. 그리고 그 원리가 내 인생의 어느 부분에서 만나는지 끊임없이 생각하며 접점을 찾으려고 노력해야 한다. 이런 일은 늘 해야 하는 일이지만 일상을 살다 보면 마음먹은 대로 되지 않을 때가 많다.

그래서 여행이 중요하다.

일상 속에선 오리무중이던 것이 낯선 환경에 놓이면 분명해지는 경우가 많다. 그래서 무언가를 결정할 때 버릴 것과 취할 것을 구분하기가 쉬워진다. 이런 이유로 일상으로부터 물리적으로 떨어지는 여행은 누구에게나 꼭 필요하다. 작가가 아니라도 말이다.

나는 여행을 할 때 보고, 듣고, 냄새 맡고, 맛보고, 느낀 것을 과학적으로 표현하려고 애쓴다. 나와 함께 여행을 하는 사람들은 싫든 좋든 이런 이야기를 들어야만 하는데, 대부분 신기하게 여기면서도 잘 들어준다. 하지만 여행이 끝나면 하나도 기억하지 못한다는 것이 함정. 그래도 가랑비에 옷 젖는다고 나는 끊임없이 내 주변 사람들에게 '여행의 과학'에 대해 이야기한다. 이 책에는 수많은 여행지에서 동료들에게 들려주었던 이야기들이 담겨 있다. 친구들도 재미나게 들었으니 독자들도 재미날 것이 확실하다.

책을 만들 때 늘 고민하는 것이 그림이다. 이번 책에는 어떤 그림을 넣을까 고민하다 오목판화로 작품을 찍기로 결정했다. 마침 금속판을 부식시켜 만드는 에칭과 아크릴판을 긁어 만드는 드라이포인트를 배우고 익히던 참이었다. 금속판 에칭은 매우 가는 선을 잘 표현할 수 있을 뿐만 아니라 송화가루를 뿌려 부식시키는 애쿼틴트 기법을 쓰면 무엇으로도 대신할 수 없는 기품 있는 농담濃淡을 표현할 수 있다. 아크릴판을 다이아몬드 칼로 긁어 판을 만드는 드라이포인트 또한 어떤 펜으로도 흉내 낼 수 없는 '선 맛'이 있다. 이 책에는 두 가지 기법으로 찍은 판화들이 모두 있으니 그림을 찬찬히 보고 기법을 맞춰보는 것도 좋겠다.

여기에 실린 글 가운데는 월간 〈좋은 생각〉에 1년 반 동안 실린 글이 일부 포함되어 있다. '과학의 눈'이라는 코너에 글을 쓰면서 새로운 지식을 치열하게 익히던 때와는 또 다른 즐거움을 얻을 수 있었다. 여행했던 곳을 떠올리며 가장 '나다운 방식'으로 자연과 과학을 자유롭게 해석하는 재미라니!

무슨 일이든 최고의 경지는 자유로움을 느낄 때다. 이 책이 독자들에게 그러한 자유를 선사할 수 있다면 얼마나 좋을까.

2020. 5. 이 지 유

CHAPTER 1   **UNIVERSE**

우주에서
기록된 것들

라세레나의 개기일식

2019년 7월 2일 오후 3시에 칠레의 해변 라세레나에서 개기일식이 일어난다는 소식을 듣고 달려갔다. 사실, 이 개기일식에 크게 기대하지는 않았다. 왜냐하면 그동안 해변에서 일어난 개기일식은 바다에서 올라오는 운무 때문에 관측을 못 하는 경우가 많았기 때문이다. 게다가 개기일식이 일어나는 시간이 오후 3시라니, 이 시간은 라세레나 해변에 운무가 끼는 바로 그 시간이 아닌가!

천문학계 관계자들은 일생에 몇 번 없는 개기일식 관측의 기회를 운무 때문에 놓칠 수는 없다며, 전날 라세레나 해변 바로 옆에 있는 해발 3,000미터가 넘는 산으로 올라가 텐트를 치고 잤다. 나는 그냥 해변에 남아 피자와 콜라를 먹으며 개기일식을 보기로 했다. 제발 오후에 날이 맑기를 기도하면서!

사람들은 구름이 낄 거라고 낙담하면서도 아침부터 해변

에 삼삼오오 모여 개기일식을 기다렸다. 2시가 조금 넘어 드디어 일식이 시작되었다. 해가 먹히자 사람들이 술렁였고, 저마다 빛의 투과량을 줄이는 필터 안경을 쓰고 태양을 바라보았다. 햇볕에 달궈지는 것을 막기 위해 버프, 스카프, 손수건으로 얼굴을 가린 채 일식용 선글라스를 쓴 사람들이 일제히 태양을 바라보고 있는 모습은 정말이지 볼 만했다. 개기일식 때가 아니면 언제 이런 풍경을 볼 수 있을까.

3시가 지나자 해가 조금밖에 남지 않았다. 검은 망사가 내려 앉은 듯 어둠이 깔리기 시작하더니 1초가 다르게 색이 사라졌다. 3시 20분 무렵 초승달 같은 태양이 마지막 빛을 비명처럼 번쩍 내지르고 사라지자 사방이 완전히 깜깜해지고, 검은 해 주변에 파랗게 빛나는 코로나(태양 대기의 가장 바깥층에 있는 엷은 가스층. 개기일식 때만 볼 수 있다.)가 보였다.

검은색과 파란색은 참 잘 어울리는 색이라고 예전부터 생각했는데, 검은 해와 파란 코로나는 뭐라 설명할 수 없을 만큼 훌륭한 조합이었다. 게다가 코로나가 뻗어나가는 속도와 강렬함이 어찌나 인상적이던지 분명 눈으로 보고 있음에도 어떤 소리가 들리는 것 같았다. 시각을 담당하는 뇌가 너무

흥분하면 소리를 담당하는 곳까지 영향을 미치는 걸까? 오만 가지 생각이 머릿속에서 뒹굴었다.

진짜 소리는 지상에서 들렸다. 사람들은 "멋지다", "세상에", "믿을 수 없어", "미쳤다", "어머나 어떡해" 등 생각해낼 수 있는 거의 모든 감탄사를 쏟아냈다. 개들은 마구 짖으며 날뛰었으며, 새들은 일제히 방향을 잃고 날아올랐다. 그리고 나는 울었다!

"엉엉, 너무 멋있어!"

지상의 반응에 아랑곳없이 태양은 파란색 코로나를 온 사방에 내뿜고 있었다. 밝게 빛나는 붉은빛에 눌려 평소에는 눈에 띄지 않던 코로나가 달이 빛을 가리는 순간 망설이지 않고 자신을 드러냈다. 기회가 오자 '이때다' 하고 마음껏 뻗어나갔다.

사실 코로나는 한 번도 자신을 숨겨본 적이 없다. 태양의 다른 빛에 가려 잘 보이지 않았을 뿐이다. 곰곰이 생각해보면 우리에게도 이런 모습이 있지 않은가.

지상의 모든 천문학자들은 바로 이 순간을 기다렸다가 태양을 바라본다. 오직 이때만 태양의 코로나를 볼 수 있고,

코로나에게서만 알아낼 수 있는 태양의 비밀이 있기에 한순간도 눈을 떼지 않는다.

프랑스의 천문학자 피에르 장센Pierre Janssen이 그런 천문학자 중 한 사람이었다. 그는 1868년, 코로나를 특수 카메라로 찍어 누구도 몰랐던 태양의 새로운 구성 성분을 알아냈다. 그것의 이름은 바로 헬륨, 그리스어로 '태양'이라는 뜻이다.

평소 태양은 너무나 많은 빛을 내뿜기 때문에 똑바로 쳐다보기가 힘들다. 너무 많은 것을 주기 때문에 도리어 무엇을 주는지 알 수 없는 것과 같다. 그럴 땐 적당히 골라서 봐야 한다.

그러나 무엇이 있는지도 모르는데, 적당히 골라 본다는 것이 가능할까? 장센은 인간의 힘으로는 불가능한 일을 자연이 해줄 때까지 기다렸다. 바로 달이 태양을 가려주는 개기일식을 말이다. 장센이 훌륭한 이유는 가려져야 볼 수 있다는 사실을 상상했다는 점이다.

꼭 천문학자가 아니더라도 개기일식이 일어나면 모두가 하늘을 본다. 안 볼 수가 없다. 해가 먹히다니, 너무나 신기한 일 아닌가. 하지만 가만히 생각해보면 이건 참 이상한 일이기도 하다. 태양의 실제 지름은 달보다 400배나 크고, 면적으로 보자면 무려 16만 배나 넓다. 이렇게 크기 차이가 엄청난데 달이 해를 가리다니. 그것도 딱 맞아떨어지게!

그 비밀은 지구로부터 떨어진 거리에 있다. 태양은 크지만 너무 멀리 있다. 달은 작아도 아주 가까이 있다. 이 오묘한 관계 덕분에 작은 달이 해를 딱 맞게 가리는 현상이 나타나는 것이고, 그 덕에 태양의 또 다른 모습을 볼 수 있는 것이다.

가리거나 멀어져야 볼 수 있는 관계는 우주에만 있는 것이 아니다. 우리도 어떤 일이 몹시 버거우면 잠시 멀리 밀어 둘 때가 있지 않은가. 비겁하게 피하는 것이 아니라 물리적으로 거리를 두어 버거움의 정도를 줄이는 것이다. 모두 감당하려고 애쓸 필요 없다. 가끔은 멀리 밀어두는 편이 이롭다.

시간이 흐르면 멀리 밀어두었던 일을 다른 각도로 바라볼 여유가 생긴다. 그러면 전에는 보지 못했던 새로운 면이 보이기도 한다.

멀리 두기와 가리기, 개기일식은 우리의 삶 속에도 있는 셈이다.

2

저기 어딘가 블랙홀

하와이 마우나케아산에는 지름 15미터에 이르는 '제임스 클러크 맥스웰 망원경JCMT'이 있다. 이 망원경은 접시 모양 망원경으로, 우리 눈에 보이지 않는 전파를 모으는 일을 한다. 말하자면 위성방송을 보기 위해 달아놓은 작은 접시 안테나를 15미터로 키워놓은 것이라고 생각하면 된다.

이 망원경이 유명해진 이유는 '블랙홀'을 보았기 때문이다. 2019년 4월 10일 전 세계는 '사건의 지평선 망원경EHT' 연구팀이 발표한 블랙홀 사진으로 떠들썩했다. 근사한 블랙홀 사진을 기대했던 사람들은 글레이즈 도넛을 닮은 블랙홀 사진이 발표되자 몹시 실망했다. 하지만 사람들은 곧 실망의 늪에서 벗어나 다양한 합성사진을 만들며 창작 의욕을 불태웠다. 그중 가장 인기를 끈 것은 지갑 속에 들어 있는 블랙홀로, 이는 지갑 속 돈을 몽땅 빨아들여 수중에 늘 돈이 없는 현실을 풍자한 것이다. 이 재미난 합성사진에서 우리는 중요한 사실 하나를 발견할 수 있다. 사람들은 블랙홀의 특징으로 '무엇이든 빨아들인다'는 점을 꼽는다는 사실이다. 블랙홀은 정말 무엇이든 빨아들일까?

블랙홀은 무척 매력적인 존재다. 무엇이든 삼켜버린다니 정말 인상적이지 않은가! 밀도와 질량이 어마어마하게 커서 빛조차 삼켜버리는 이 신비로운 천체는 근처에 있는 물질을 무조건 끌어들여 삼켜버린다. 삼킨다, 흡수한다는 표현이 좋은 느낌을 주지 않을 수도 있다. 게다가 빛도 삼키는 블랙홀의 속성 때문에 공포스러운 존재로 느껴지기도 한다. 하지만 사람들은 블랙홀을 무섭거나 두렵거나 탐욕스러운 존재로 생각하기보다 신비롭게 여긴다. 우리는 이 점을 주목할 필요가 있다.

그렇다면 블랙홀을 이렇게 표현해보는 것은 어떨까?

'무엇이든 수용할 수 있는 넓은 포용력을 지녔지만 빛마저 삼켜야 하기 때문에 자신의 모습을 드러내고 싶어도 드러낼 수가 없다.'

어떤가. 느낌이 좀 다르지 않은가?

말이 나온 김에 블랙홀의 숨겨진 매력에 대해 좀 더 이야기해볼까 한다. 블랙홀도 어떤 대상을 끌어들일 때는 나름 대로의 기준이 있다. 우선 너무 멀리 있는 것은 끌어당기지 않는다. 아무리 큰 블랙홀이라도 중력을 무한대까지 뻗칠 수는 없기 때문에 자신의 힘이 닿지 않는 곳에 있는 것에 대해서는 욕심을 내지 않는다. 블랙홀은 멀리 있는 것에는 관심이 없다. 그러니 우리도 블랙홀과 멀리 떨어져 있으면 안전하다.

혹시라도 블랙홀 근처에 너무 가까이 다가갔다면 '사건의 지평선'을 조심해야 한다. 이 선을 넘어 블랙홀에 더 가까이 가게 되면 절대 돌아올 수 없다. 그러니 사건의 지평선에 닿기 전에 선택을 해야 한다. 그 누구도 경험한 적이 없는 미지의 세계로 갈 것인지, 아니면 방향을 틀어 내가 알고 있는 익숙한 세계에 머무를 것인지를 말이다. 물론 선택할 수 있다면.

만약 내 사랑스러운 고양이가 블랙홀을 향해 가고 있고 나는 고양이를 그저 바라볼 수밖에 없다고 가정해보자. 블랙홀에 다가갈수록 고양이는 길게 늘어나고 천천히 움직이는 것처럼 보일 것이다. 그러다가 사건의 지평선에 닿는 순간 고양이는 엿가락처럼 늘어나던 움직임을 딱 멈추고, 그 다음부터 고양이에게 무슨 일이 벌어지는지는 전혀 알 수 없다. 그때까지 모든 정보를 빛에 의존해서 볼 수 있었는데, 블랙홀이 모든 빛을 집어삼켰기 때문이다.

고양이 또한 내 곁으로 돌아오고 싶어도 그렇게 할 수 없다. 맛있는 츄르를 다시 먹고 싶었다면 좀 더 일찍 방향을 돌렸어야 했다. 나와 고양이는 같은 우주에 있으나 이제는 소통할 수 없는 상태가 되어버렸다. 자, 이제 왜 '사건의 지평선'이라는 용어가 생겼는지 알겠는가?

하지만 블랙홀은 나름 관대해서, 사건의 지평선에서 탈출하려 안간힘을 쓰는 빛 몇 가닥은 모른 척 내버려두기도 한다. 물론 그 빛은 어마어마한 중력으로 길게 늘어나 본래의 모습을 잃은 상태다. 그래도 괜찮다. 사투를 벌이다 탈출했는데 쌩쌩했던 모습 그대로라면 그것 또한 이상하다. 약간 과장해서 표현하자면 파장이 길게 늘어난 빛은 블랙홀로 끌려 들어간 물체가 마지막으로 내지르는 비명과도 같다. 블랙홀은 그것까지 삼키지는 않는다.

놀랍게도 지구인들이 이 비명을 들었다. 아니, 보았다.

천문학자들은 마우나케아산 정상에 있는 제임스 클러크 맥스웰 망원경을 포함해 지구상 여덟 곳에 있는 전파망원경으로 처녀자리 A은하 중심부를 24시간 들여다보았다. 빛들이 내지르는 비명을 한 점 한 점 모으고 찍어 붉은 고리를 만들었다. 그러자 고리 가운데 검은 형태가 드러나면서 드디어 블랙홀이 모습을 드러냈다.

스스로 모습을 드러낼 수 없는 블랙홀은 이렇게 우리 앞에 나타났다. 이 우주에 숨어 혼자이고 싶은 존재는 없다. 빛을 삼키는 블랙홀이라 할지라도. 그런 존재를 알아보는 것은 바로 관심을 가진 인간이다.

관심은 우주를 밝히는 또 다른 빛이다.

3

어디에나 무지개

연평균 기온 25도로 1년 내내 활동하기에 좋고, 화산재 덕분에 유화 같은 석양을 날마다 볼 수 있으며, 바다거북이나 혹등고래처럼 우리가 쉽게 볼 수 없는 동물들이 수시로 나타나는 섬 하와이! 대륙에 사는 사람들은 이곳에 휴가를 와서 일상의 피로를 털어내고 자연이 주는 위로를 받고 싶어 한다.

그러나 막상 하와이에서 살아 보니 느낌이 좀 다르다. 대륙에 사는 사람들에겐 색다른 것들이 이곳 사람들에게는 평범한 일상이다. 그렇다면 하와이 사람들은 무엇에서 위로를 받을까? 하루에도 몇 번씩 볼 수 있는 무지개가 바로 그것이다.

하와이는 무지개주Rainbow State로 불릴 만큼 무지개가 자주 나타나고, 단일 무지개, 쌍무지개, 수평 무지개 등 형태도 매우 다양하다. 하와이 사람들은 이를 매우 자랑스럽게 여겨

상호나 상징물에 무지개를 쓰는 것은 물론이고 자동차 번호판 바탕에도 사용한다. 말 그대로 지천에 깔려 있는 무지개를 보며 "무지개다!"를 수없이 외치다 보면 문득 이런 의문이 떠오른다. 무지개라는 단어는 어떻게 생겨난 것일까?

무지개의 어원은 《용비어천가》에 나오는 "므(물)를 뿌리면 둥근 문(지개)이 나타난다"라는 구절에서 찾을 수 있다. 그러니까 무지개는 순우리말이다. 북한에서는 '색동다리'라고도 부른다.

무지개를 날마다 보면 이런 의문도 든다. 무지개는 정말 일곱 가지 색일까?

무지개의 색을 두고 이슬람에서는 빨강, 파랑, 노랑, 초록 4색이라고 하고, 멕시코 원주민들은 5색이라고 하며, 미국에서는 6색이라고도 하는데, 결정적으로 무지개를 7색으로 구분하게 된 계기는 과학사의 주요 인물인 뉴턴 때문이다. 그는 7이 완벽한 숫자라는 강박에 빠져, 우리 눈으로는 잘 구분할 수 없는 남색과 보라를 구분해 7색에 끼워 맞추었다. 오늘날 과학자들은 프리즘을 통과한 빛을 얼추 207색까지 구분할 수 있기에, 무지개를 207색이라고도 주장한다.

그런데 참 이상하다. 하늘에는 프리즘이 없는데 어떻게 무지개가 생겨나는 걸까?

해답은 아주 작은 물방울에 있다. 물방울 하나하나가 프리즘이 되어 무지개를 만든다. 중요한 것은 물방울 모양이다. 물방울은 중력을 받아 아래로 떨어지고, 떨어지면서 공기의 저항을 받아 햄버거 빵처럼 바닥은 납작하고 위는 볼록한 모양이 된다. 이런 모양의 물방울을 '버거로이드 burgeroid'라고 한다.

버거로이드로 들어온 빛은 물방울 벽을 뚫고 다시 나가야 하는데, 그게 그리 쉽지 않다. 물방울은 들어온 빛을 순순히 내보내주지 않는다. 빛의 방향을 꺾어 거의 반대 방향으로 내보낸다. 이런 현상을 '굴절'이라고 한다.

투명한 태양 빛은 여러 파장의 빛이 합쳐진 것이고, 각 파장의 빛은 꺾이는 정도가 다르다. 보라색에 가까운 빛일수록 성격이 강해 있는 힘껏 방향을 틀어 뻗어나가고, 빨강색으로 갈수록 방향을 조금만 튼다. 물방울에 들어갈 때는 빛이 하나였지만 나올 때는 색마다 각기 다른 길을 선택하는 것이다.

이는 마치 아무런 문제가 없을 때는 모두 한 방향으로 가는 듯하다가, 커다란 사건을 만나게 되면 저마다 성격을 드러내 각기 다른 선택을 하는 것과 비슷하다. 또는 하나의 신념을 위해 모두 힘을 합쳤다가 원하는 바를 이루고 나면 원래 자신이 추구하던 소소한 행복을 찾아 제각각 자기 길을 가는 것과도 비슷하다.

무지개가 바로 그렇다. 무지개는 투명한 빛의 일부였던 색들이, 저마다 자신의 고유한 색을 찾아 떠나는 용감한 과정인 셈이다. 통일성을 강조하는 사회에서는 이런 개성을 찾기가 얼마나 어려운가!

이렇게 용감한 무지개지만, 파장이 다른 빛이 자신의 색을 드러내려면 몇 가지 도움이 필요하다. 무지개는 버거로이드가 사라지면 함께 사라진다. 도우미가 사라졌기 때문이다. 저 멀리 무지개가 생겨도 그것이 태양과 같은 방향에 있으면 보이지 않는다. 너무 강한 빛에 눌리기 때문이다. 그래서 무지개를 보고 싶으면 해를 등지고 분무기로 물을 뿌리라고 하는 것이다. 하늘에 생긴 무지개도 마찬가지다. 강한 빛을 내뿜는 해를 등지고 서야 용감하게 자기 색을 찾은 무지개를 볼 수 있다.

사람들이 무지개를 보며 삶의 위로를 얻는 것은 무지개가 지닌 이런 속성 때문일 것이다.

인간은 누구나 자기만의 색을 갖고 싶으니까.

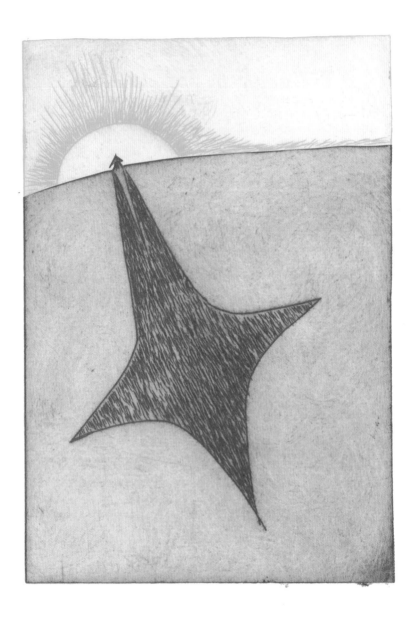

4

마우나케아의 석양

사람들은 하나만 알고 둘은 모르는 경우가 많다. 예를 들어 하와이가 아주 훌륭한 휴양지라는 것은 알지만, 그곳이 천문학의 성지라는 사실은 잘 모른다. 혹시나 천문학자들이 연구를 핑계로 하와이에서 놀고 싶어 그곳에 지상 최대의 망원경이 있는 천문대를 지었다고 오해하는 사람이 있을지도 모르겠는데, 꼭 그런 이유만 있는 것은 아니라는 사실을 미리 말해두고 싶다.

천문대들이 모여 있는 마우나케아산은 하와이에서는 드물게 겨울에 눈이 쌓인다. 그리고 바로 이런 이유 때문에 원주민들은 이 산을 아주 신성하게 여긴다. 열대지방인 이곳에 눈이 내리는 이유는 뭘까? 산이 너무 높아서다. 해발고도 4,200미터가 넘으니 아무리 하와이가 적도 근처에 있어도 눈이 오는 것은 당연지사! 그래서 하와이 말로 '하얀 산'이라는 뜻을 지닌 마우나케아가 되었다.

천문학자들이 마우나케아산을 사랑하는 이유는 산 정상에 공기가 별로 없기 때문이다. 보통 공기가 부족하다고 말할 텐데, '별로 없다'는 표현을 쓴 점에 주목해주길 바란다. 이 정도 높이면 공기의 양이 바닷가의 절반 정도라 숨이 차고 머리가 아프고 앞도 잘 안 보여 연구하기에 좋은 장소는 아니다. 그런데 천문학자들은 오히려 공기가 적은 곳을 선호한다. 왜일까?

그 이유는 공기가 적어야 별빛이 산소, 질소, 이산화탄소 같은 분자들의 방해를 받지 않고 망원경에 도달할 수 있기 때문이다. 공기가 적으면 적을수록 별을 관측하기가 좋다. 그래서 별을 보기 가장 좋은 곳은 대기가 없는 우주이고, 천문학자들은 "공기는 숨 쉴 때 말고는 쓸모가 없다"고 썰렁한 농담까지 하는 것이다.

천문학자들이 이곳을 좋아하는 또 다른 이유는 맑은 날이 많아서다. 마우나케아산에도 구름은 끼지만 이렇게 높은 곳까지는 못 올라온다. 구름은 대부분 정상 아래에 머무르고, 그 덕분에 1년 중 열 달은 맑은 날을 유지한다. 망원경이 아무리 크고 좋아도 구름이 끼면 아무짝에도 쓸모가 없다.

구름을 걷어내지 않는 이상 별을 볼 수 없기 때문이다.

이곳이 별을 보기에 좋은 이유는 또 있다. 주변에 큰 도시가 없어 잡광이 없다. 그렇다. 천문학자들에게 별빛 이외의 모든 빛은 그저 잡광이다. 도시의 불빛은 약한 별빛을 삼킨다. 아무리 망원경이 크고 좋아도 자동차의 전조등, 주거지의 불빛, 가로등, 네온사인이 밝으면 별빛을 모을 수가 없다. 망망대해 태평양 한가운데 동그마니 떠 있는 마우나케아야말로 천문학자들에게 천혜의 장소인 셈이다.

그러나 이곳에 천문대를 짓는 일은 결코 쉬운 게 아니다. 우선 아파트 10층 높이에 해당하는 망원경이 절대 움직이지 않도록 기초 공사를 해야 하고, 그 일이 끝나면 지름이 10미터에 이르는 거대한 렌즈를 산 위로 옮겨야 한다. 또 렌즈를 떠받칠 철재 구조물을 옮기고 그걸 보호할 거대한 건물도 지어야 하는데, 이런 일은 평지에서도 힘든 작업이다. 하물며 해발 4,200미터의 산꼭대기에서라니!

게다가 이 산은 하와이 원주민들에게는 매우 신성한 땅이라, 원주민들은 이곳이 마구 파헤쳐지는 행위를 용납하지 않았다. 결국 천문학자들은 원주민들과 50년 임대 계약을 맺고, 산의 신성한 기운과 미관을 해치지 않는 선에서 천문대를 짓기로 했다.

미국의 '켁Keck', 일본의 '스바루Subaru', 유럽의 '제미니Gemini'는 모두 렌즈가 8미터 이상인 큰 망원경이고, 그 밖에도 여러 망원경들이 마우나케아산 정상에 자리 잡고 있다. 지난 50년간 우주를 새롭게 이해하는 많은 논문들이 이곳에 있는 망원경의 관측 자료를 바탕으로 발표되었다. 마우나케아산은 인간의 의식을 넓혀주는 거대한 눈인 셈이다.

천문학과 관계없이 하와이의 명물인 낙조를 보기 위해 마우나케아산을 찾는 사람들도 많다. 사람들 대부분이 산꼭대기에 올라서서 지는 해를 바라보느라 정신이 없다. 하지만 4,200미터 높이까지 올라오느라 고생한 것을 생각하면 이것처럼 바보 같은 짓이 없다. 오히려 반대쪽을 봐야 한다. 해가 지면서 생기는 마우나케아산의 거대한 그림자가 구름 위를 꾸물꾸물 기어가다 해와 약속이나 한 듯 동시에 사라지는 장관이 펼쳐지는데, 어떻게 그걸 놓칠 수 있는가!

하와이를 휴양지로만 알았지 천문학의 성지인 줄은 몰랐다손 치더라도, 최고의 해넘이를 보러 마우나케아산 꼭대

기까지 올라가서 바다에 빠지는 해만 보고 오면 정말 곤란
하다.

　하지만 이곳에 해넘이를 보러 오는 사람들은 말 그대로
해만 쳐다보다 간다. 역시 인간은 하나만 알고 둘은 모른다.

라스 캄파나스의 GMT

2020년 현재 지구상에서 가장 큰 망원경의 렌즈 지름은 10미터가량으로, 이들 망원경 거의 모두가 하와이에 있는 마우나케아산 꼭대기에 있다. 사람들이 그곳에 천문대를 지을 때만 해도 인간의 렌즈 깎는 기술은 형편없어서, 지름 1.8미터인 육각형 모양의 렌즈를 37개 만들고 벌집처럼 이어 붙여 8미터가 조금 넘는 렌즈를 만들었다.

이후 지름이 10미터인 렌즈를 만드는 기술이 생겼는데, 이렇게 큰 렌즈를 만들고 나니 더 큰 렌즈를 만들고 싶은 마음이 생겼다. 하지만 지구에서는 그보다 큰 렌즈를 만드는 것이 어려웠다. 바로 중력 때문이다.

지름이 10미터인 렌즈는 모두 반사경이다. 렌즈 앞쪽에 반사율이 높은 물질을 코팅해서 별빛을 한 점에 모을 수 있도록 만든 오목렌즈다. 이 렌즈는 눕히면 렌즈의 가장자리가 중력으로 휘어 내려가고, 수직으로 세우면 위아래가 모두 아래로 휘어 엉뚱한 곳에 초점이 맺힌다.

과학자들은 이와 같은 문제를 해결하기 위해 렌즈의 뒷면에 수천 개에 달하는 구동 장치를 붙이고 각각 컴퓨터로 조종해서 렌즈가 어떤 방향을 봐도 휘지 않고 한곳에 초점을 맞추도록 했다. 이제 렌즈는 단순한 오목거울이 아니라 인공지능을 장착한 컴퓨터의 일부분이 된 것이다.

상황이 이러해지자 과학자들은 10미터 렌즈를 7개 만들어서, 역시 벌집처럼 이어 붙여 지름이 24미터인 망원경을 만들기로 했다. 몇 년 뒤에 완성될 이 망원경의 이름은 '거대 마젤란 망원경Giant Magellan Telescope'으로, 줄여서 GMT라고 부른다.

이 거대한 망원경이 자리 잡을 곳은 안데스산맥 고원지대인 '라스 캄파나스'다. 라스 캄파나스는 '종'이라는 뜻으로, 이곳에 있는 바위를 망치로 치면 아주 맑은 종소리가 나기 때문에 산 전체에 이런 이름이 붙었다. 종소리가 나는 돌의 정체는 안데사이트(안산암)다. 철이 많이 함유되어 있어 맑은 종소리가 난다.

이곳에 천문대를 지을 생각을 한 것은 안데사이트가 매

우 강하고 튼튼하기 때문이다. 망원경은 절대 흔들려서는 안 된다. 망원경의 위치가 조금이라도 달라지면 저 먼 곳에 있는 별을 제대로 잡아낼 수가 없다. 그래서 천문대를 지을 때는 가장 먼저 땅을 깊게 파고 그곳에 콘크리트를 부어 기초 공사를 튼튼하게 한 뒤 그 위에 망원경을 얹는다. 그런데 지반이 약하면 아무리 콘크리트를 두껍게 쌓아 올려도 소용이 없다. 땅이 무너져 내리는데 콘크리트가 무슨 소용이란 말인가.

다행히 이곳 라스 캄파나스는 기반암이 정말 튼튼하다. 폭약을 아무리 터트려도 금이 가질 않는다. 물론 너무 튼튼해서 10년째 터를 다지고 있다는 것이 함정이지만. 뭐 그래도 이 정도로 튼튼하니 정말 믿음직한 기반암이 아닌가!

라스 캄파나스가 세계 최대의 망원경이 들어앉을 최적의 장소인 이유는 또 있다. 이곳은 해발고도 4,000미터에 이를 정도로 높아서 공기가 많지 않다. 그래서 별빛이 공기의 방해를 받지 않고 망원경에 무사히 도달할 수 있다. 산이 높아 구름도 잘 끼지 않는다. 구름이 생겨도 발아래에 머무를 뿐이다. 또 주변에 도시도 없다. 잡광이 없으니 아무리 약한 별빛도 잘 모을 수 있다. 만약 이보다 더 좋은 곳을 알고 있다면 얼른 제보하시라.

이런 천혜의 장소에 GMT가 들어설 예정이고, 2020년 현재 우리나라 천문학자들도 GMT 건설에 참여하고 있어 완공되면 일 년에 한 달 정도 관측 날짜를 받을 예정이다. 하룻밤 사용하는 데만 수억 원의 사용료를 내야 하는 지구 최고의 망원경을 한 달이나 사용할 수 있게 된 것이다. 그런데 문제가 하나 있다. 우리나라에서 이 망원경을 이용해 연구를 할 수 있는 수준의 천문학자가 그리 많지 않다는 사실이다.

지구 최고의 망원경이 있으면 뭘 하나? 그것을 쓸 사람이 없는데.

지름 24미터가 넘는 거대한 눈을 가진 망원경이 해발 2,500미터 산꼭대기에서 해야 할 일은 우주를 세심하게 살피는 것이다. 하지만 어떤 망원경도 그 일을 혼자 할 수는 없다.

그 옆에는 항상 사람이 있다. 망원경을 누구보다 세심하게 살피는 사람이. 만약 그런 사람이 되고 싶다면 주저 말고 라스 캄파나스로 가도 좋다.

지상 최대의 망원경이 기다리고 있다.

라스 캄파나스의 GMT

치첸이트사의 그림자

멕시코만을 이루고 있는 유카탄반도에는 마야문명과 톨텍문명의 합작품인 치첸이트사 유적지가 있다. 이곳에 가려면 유카탄반도 끝 해안가에 위치한 칸쿤으로 비행기를 타고 가서, 열대우림을 뚫고 만든 180D 고속도로를 타고 200킬로미터를 내륙으로 곧장 들어가야 한다. 칸쿤과 치첸이트사 사이에는 문명의 흔적이 거의 없기에 가는 길이 매우 곧고 평탄하다.

길 양쪽으로 나무가 있어 시야를 막기 때문일까? 치첸이트사로 가는 동안에는 오로지 앞만 바라보게 된다. 사막에 곧게 깔린 길과는 또 다른 느낌이다. 사막에선 길과 주변이 탁 트여 있어 사방팔방 둘러볼 수가 있다. 열대우림 사이에 난 곧은길이 직장인 같다면, 사막에 난 곧은길은 휴가 중인 사람 같다.

흔들리는 차 안에서 앞만 보고 달리다 문득 이런 생각이

들었다. 그 옛날에는 어떻게 열대우림을 뚫고 치첸이트사 건설에 필요한 돌을 날랐을까?

현대 과학이 발전한 오늘날에도 열대우림 한가운데 있는 석조물을 둘러싼 미스터리는 속 시원하게 밝혀지지 않아서 치첸이트사는 새로운 7대 불가사의에 들기도 했는데, 그중 펠로타 경기장, 엘 카스티요 피라미드, 나선형 천문대가 특히 유명하다.

펠로타는 세 방향이 막힌 공간에서 고무로 만든 공을 엉덩이로만 쳐서 둥근 골대에 넣는 경기로, 경기장은 가로, 세로, 폭이 각각 168미터, 67미터, 8.5미터에 이르는 매우 큰 규모다. 경기장의 모습과 규모가 얼른 떠오르지 않는다면 영화 〈해리포터〉에 나오는 퀴디치 경기장을 상상하면 된다. 작가 조앤 롤링은 이 펠로타 경기장에서 영감을 얻어 마법사들의 경기장을 만들었다. 공을 넣는 골대도 똑같이 말이다.

이 경기장의 벽은 아주 잘 연마된 돌로 이루어져 있는데, 자세히 보면 벽은 완벽한 평면이 아니라 살짝 굴곡져 있다. 그 때문에 소리가 벽에 부딪히면 접시형 레이더에 닿을 때처럼 모였다가 정확히 일곱 번 반사되면서 메아리치는 효과가 나타난다. 이는 펠로타 경기를 더욱더 극적으로 만들어 준다. 고무공이 엉덩이뼈에 맞을 때 생기는 둔탁한 소리는 경기장 안에 갇힌 채 증폭되고 울려서 사람들을 흥분의 도가니로 몰아넣는다. 이거야말로 서라운드 입체 음향의 원조 격이라 할 수 있지 않을까!

펠로타 경기장 옆에 있는 엘 카스티요는 동서남북에 각각 91개의 계단이 있고, 꼭대기에 재단으로 오르는 한 층을 합해 모두 365개의 계단으로 이루어진 피라미드다. 계단의 수가 365개인 것을 보면 마야, 톨텍인들은 1년이 365일이라는 사실을 알고 있었던 것 같다. 아니면 계단을 90개가 아닌 91개로 만들 리가 없지 않은가. 이 피라미드는 '쿠쿨칸의 사원'으로도 불리는데, 쿠쿨칸은 '날개 달린 거대한 뱀'으로 동양의 용과 비슷하다.

이 피라미드가 쿠쿨칸의 사원으로 불리는 이유는, 춘분과 추분이 되면 일주일 동안 해 뜰 무렵과 해 질 무렵 계단난간에 하늘로 날아오르거나 땅으로 내려오는 뱀 그림자가 생기기 때문이다. 마야의 건축가들은 이와 같은 효과가 생기도록 계단과 난간의 위치를 정교하게 조정해 피라미드를 건설했는데, 당시 사람들에겐 이것이 대단한 볼거리였다. 요즘도 춘분과 추분에는 이 신기한 그림자를 보기 위해 수만 명의 사람들이 엘 카스티요 앞에 모인다.

춘추분은 물론 일식과 같은 천문 현상이 나타날 때는 제사장이 엘 카스티요 꼭대기에 마련된 재단에서 의식을 치르고, 뒤이어 왕이 나와 연설을 했다. 피라미드 꼭대기에 지은 네모난 방은 일종의 확성기 역할을 하도록 설계되어 있어 그곳에서 연설을 하면 소리가 2킬로미터나 뻗어나갔다고 한다.

소리를 다루는 수준, 호기심을 끄는 경기, 일 년 날수와 같은 365개의 계단을 지닌 피라미드, 특정한 날 나타나는 뱀 그림자까지 치첸이트사에는 놀라운 이야기가 많다.

치첸이트사는 5세기 무렵 마야인들이 처음으로 건립했다. 그 후 1,000년에 걸쳐 쇠퇴기를 걷다가 톨텍인들이 15세기 무렵 원래 있던 석조 건축물 위에 새 건축물을 덧씌워 재건축한 것이다. 톨텍문명은 옛것을 밀어버리는 무식한 방법을 쓰지 않았다. 건축물을 덧씌우는 방법으로 새로운 건축물을 만드는 방식은 돌을 구하기 어려운 열대우림에서 선택할 수 있는 가장 효율적인 방법이었을 것이다. 동시에 모든 역사는 과거가 없다면 성립되지 않는다는 사실을 상징적으로 보여주는 건축법이기도 하다.

인간의 물질적·심리적 성장 과정 역시 이와 크게 다르지 않다. 인간의 DNA에는 오래전 선조들이 축적한 유전 정보가 사라지지 않고 남아 있다. 현재 쓰이지 않는 유전 정보라도 Off 상태로 보존되어 있는 것이다.

심리적 경험 역시 사라지지 않고 어딘가에는 분명 남아 있다. 시간이 흐르면 잊힌다고 하지만 기억은 뇌 한구석에 조용히 똬리를 틀고 있다. 새로운 기억은 그 위에 덧씌워진다. 이와 같은 과정을 두고 '과거를 극복했다'고 말한다. 하지만 과거가 사라진 것은 아니다. 그러니 '과거를 딛고 올라섰다'는 편이 더 옳은 표현이 아닐까.

PLANT

초록빛이 주는 위로

내가 식물원에 가는 이유

큰 도시에 가면 반드시 들르는 곳이 있다. 바로 식물원이다. 도시에는 빌딩, 박물관, 시장 등 볼 것이 무궁무진한데 왜 하필 식물원에 가냐고 묻는다면, 대답은 이렇다.

식물원을 만드는 일은 그리 간단하지 않다. 특히 전 세계의 다양한 기후대에 살고 있는 식물들을 데려와 그들의 고향과 같은 환경을 조성해주고 잘 적응시켜 오래도록 살리는 일은 고도의 과학기술 없이는 불가능하다. 식물원은 그것을 하나하나 뜯어보는 재미가 있다.

게다가 식물원을 만드는 사람이나 그 나라의 입장에선 이보다 좋은 자랑거리가 없다. 우선 온대지방에서 열대지방의 식물을 키운다는 의미는, 그 식물을 채집하러 갈 정도의 자본이 있다는 뜻이기에 권력과 부를 자랑할 수 있는 매우 좋은 방법이 된다. 게다가 당장 먹고사는 일에는 그다지 도움이 되지 않는 일이다 보니, 이런 활동을 하는 주체의 품격을 넌지시 내보일 수 있는 더 없이 좋은 수단이 된다.

이와 같은 까닭으로 영국, 프랑스, 독일 등 한때 식민지를 거느린 나라들은 모두 오래된 식물원을 가지고 있다. 그런데 여기서 주목할 게 있다. 제국주의 시절, 서구 열강이 식민지에서 식물을 들여온 것은 단순히 으스대기 위한 목적이 아니다. 유럽에 없는 식물을 들여오는 자체가 당시로서는 큰 돈벌이가 되었고, 미래에도 큰 자원이 되리라는 것을 알고 있었기 때문이다. 한마디로 이들에겐 다 계획이 있었던 것이다.

이 계획이란, 전 세계의 식물에 대한 권리를 주장해서 그 식물이 생산해낼 모든 제품에 대한 로열티를 받는 것이다. 오늘날 현대인들이 아픈 몸을 치료하기 위해 만드는 의약품의 재료 대부분이 식물 추출물에서 나온다는 점을 생각한다면, 서구 열강의 입장에선 탁월한 결정을 한 셈이다.

요즘도 선진국 제약회사는 남아메리카나 동남아시아의 열대우림에 사람을 보내 좋은 약의 재료가 될 법한 식물들을 채집한다. 어떤 식물이 앞으로 좋은 결과를 낼지 모르기 때문에 보이는 대로 다 채집한다. 결국 식물을 이용해 돈을 버는 나라는 식물의 원산 국가가 아니라 식물을 가져간 나라가 되는 것이다. 이는 또 다른 형태의 빈익빈 부익부다.

식물에 대한 관심은 식량 문제와도 직결되어 있다. 스페인 함대가 남아메리카에서 감자를 들여오지 않았다면 유럽은 기근에서 헤어나오지 못해 인구가 크게 줄고 세력을 유지하기 어려웠을 것이다. 옥수수도 마찬가지다. 그들은 식민지 땅의 종자에 큰 관심을 보였다. 그래서 하나하나 챙겨 귀국한 뒤 커다란 식물원을 만들고, 그곳에 보관하거나 싹을 틔워 새 씨앗을 받았다. 물론 유전자를 섞어 신종을 만들기도 했다.

이와 같은 일을 모두 해결하려면 거대한 온실을 짓는 건축술과 그 안에 다양한 기후 환경을 조성하고, 제어장치 등이 모든 것을 유지·보수할 자본이 있어야 한다. 식물을 연구하는 연구진은 물론이고, 대중을 위한 교육시설을 담당하는 박물관 큐레이터도 많이 필요하다. 큰 도시에 가면 볼 수 있는 거대한 식물원은 바로 이와 같은 상황을 총체적으로 보여주는 상징적인 기관인 것이다. 이런 까닭에 나는 대도시에 가면 꼭 식물원에 간다.

프랑크푸르트 식물원에는 사막의 식물 웰위치아가 작은 유리 온실 하나를 전세 내고 있다. 암수가 따로 있는 웰위치아는 2,000년 이상 사는 것으로 알려진 사막 식물이다. 사막 기후에 사는 식물을 북위 50도인 온대지방으로 데려온 것도 대단한데, 암수를 온실 안에서 재배하면서 그 차이를 볼 수 있도록 해놓았다. 게다가 열매도 맺었다. 행여나 이 귀한 식물이 다칠까 봐 사막 식물 전문가가 그 옆을 지키고 있고, 덤으로 관람자들에게 아주 친절하게 설명도 해준다. 머리가 희끗한 식물학자는 웰위치아를 키우기 위해 10년이 넘는 시간을 투자했다며 자부심 가득한 얼굴로 웃는다. 청개구리 심보를 가진 나는 그 웃음을 보며 생각했다.

'음, 이 유리가 깨지면 웰위치아는 얼어 죽을 수도 있는데!'

도쿄에 있는 진다이 식물원에 갔더니 베고니아로만 한가득 채워놓은 온실이 있었다. 온실 한가운데는 엄청나게 커다란 꽃이 핀 베고니아 한 송이가 자리를 차지하고 있었다. 꽃 한송이만 남겨놓고 나머지 꽃은 모두 따서 뿌리가 빨아들이는 양분을 온전히 몰아주어 만들어낸 슈퍼울트라초특급 베고니아 꽃이었다. 정원사는 베고니아가 좋아하는 조건

과 어떻게 이 큰 꽃을 키웠는지 자랑스럽게 이야기했다.

'음, 저 지지대가 아니면 꽃은 바로 부러질 것 같은데!'

싱가포르엔 지구의 기후대를 거의 완벽하게 구현한 거대한 돔 식물원이 있다. 그 속에는 수십미터에 달하는 폭포도 있다. 그 놀라운 기술력을 보며 연신 탄성을 내지르다가 문득 이런 생각이 들었다.

'음, 이걸 유지하려고 대체 전기를 얼마나 쓰는 거야!'

다른 나라의 식물원에 가서 잎을 반짝이는 식물을 보며 신기해하고 놀라워하다가도 이런 마음이 불뚝불뚝 드는 것은 저런 연구가 가능한 식물원을 가진 나라에 대해 시샘이 나서일 것이다.

그럼에도 불구하고 태어나서 처음 보는 잎과 꽃과 나무를 보면 식물이 육지로 올라선 고생대로 혹 시간 여행을 온 느낌이 들고, 한 번도 가본 적 없는 툰드라에 서 있는 듯한 착각에 빠지기도 한다. 단지 식물에 둘러싸여 있을 뿐인데 시공을 가르는 여행을 할 수 있는 것이다. 그래서 내가 식물원을 찾는가 보다.

2

싱가포르의 난초

싱가포르는 위도 1도, 말하자면 거의 적도에 위치해 열대 기후에 속한 나라로, 면적은 서울보다 조금 크고 인구는 600만 명이 조금 넘는다. 면적은 그리 크지 않지만 잘 정비된 사회제도 덕분에 매우 안전하고, 다양한 볼거리가 많아 누구나 한 번쯤 가보고 싶어 하는 곳이다.

특히 난초를 연구하는 사람이라면 꼭 가보고 싶은 나라로 꼽는다. 왜냐하면 난초만 따로 모아 기르는 넓은 식물원이 있고, 새로운 종의 난초를 개발하는 일에도 매우 적극적이기 때문이다. 여기서 개발한 새로운 원예종 난초는 전 세계에 팔려 나가는 효자 수출품이기도 하다. 싱가포르의 국화國花 역시 난초다.

난초를 가만히 들여다보면 '이 꽃들은 지능이 있는 게 아닐까' 하는 생각이 들곤 한다. 이들은 오로지 한 곤충만을 선택해 수분 매개자로 삼고, 성적 유혹을 이용해 곤충을 유인

한다. 난초는 이를 위해 곤충이 이성으로 착각하게 할 만큼 정교하게 꽃의 구조를 진화시켜왔다. 그래서 난초를 가만히 들여다보면 식물로 위장한 동물 같다는 생각이 들 때가 있다. 때로는 외계 생명체일지도 모른다는 생각도 든다.

난초는 어쩌다 이런 외모를 가지게 되었을까?

그 이유는 난초가 열대우림 태생이라는 것과 무관하지 않다. 사람들에게 열대우림에 대해 이야기해보라고 하면, 대부분이 여기저기서 동물 소리가 들리고 각양각색의 식물이 있을 것이라고 대답한다. 그런데 전혀 그렇지 않다.

물론 열대우림에는 지구상의 생물 가운데 50%가 살고 있다. 하지만 실제로 열대우림에 가보면 이상하리만큼 조용하다. 땅에는 가끔 줄지어 기어 다니는 개미들만 볼 수 있을 뿐 풀 한 포기 없다. 흙은 딱 보기에도 영양가가 없어 보이고, 실제로도 영양가가 거의 없다. 그나마 조금 있는 양분마저 비가 오면 모두 씻겨 내려간다. 어쩌다 이렇게 되었을까?

땅 아래까지 햇빛이 들지 않기 때문이다. 땅 위를 올려다보면 잎이 넓은 나무들이 3층 구조로 겹겹이 뒤덮여 있어 서로 햇빛을 나누어 가지느라 바쁘다. 열대우림에서 햇빛은 이 나무들을 뚫고 땅에 닿지 못한다. 그래서 키 작은 식물들은 어떻게 해서든 나무를 타고 기어올라 햇빛을 보려고 애를 쓴다. 그래서 열대우림에는 유난히 기생식물이 많다.

지표를 덮고 있는 풀이 없으니 잔뿌리가 흙을 붙들어두지도 못하고 양분을 땅에 고정시키지도 못한다. 어쩌다 키 큰 나무가 잎을 하나 땅에 떨어뜨리면 곤충과 미생물들이 바로 달려들어 번개처럼 분해한다. 역시 아무것도 남지 않는다. 이런 탓에 열대우림에는 부엽토가 없다.

열대우림에는 생각보다 자원이 한정적이라 이곳에 사는 생물들은 구역을 적절히 나누어 차지한 뒤 각자 자기 영역에서 얻을 수 있는 자원을 최대한 이용하려고 애쓰고, 다른 구역에 있는 생물의 삶에는 일체 간섭하지 않는다. 이것이 열대우림에 사는 생물들의 생존 방식이다. 그러다 보니 열대우림의 동식물은 살아남기 위해 할 수 있는 거의 모든 방법을 동원한다.

그중에서도 가장 대표적인 예가 질소를 얻기 위해 곤충을 잡아먹는 식충식물이다. 햇빛도 양분도 거의 없는 늪지대에 사는 이 기괴한 식물은 참으로 창의적인 방법을 사용해 유전자의 구성 성분인 질소를 얻는다. 움직임이 자유로운 동물의 입장에선 땅에 뿌리를 박고 사는 식물에게 잡아먹힌다는 것을 어떻게 생각할지 모르겠으나, 크게 불평할 입장은 아니라고 본다. 지구상의 동물을 먹여 살리는 것이 누구인가. 식물들이 아닌가.

예를 들어 키 큰 나무둥치에 기생하는 브로멜리아드는 개구리들에게는 천국이다. 브로멜리아드는 돌려나기로 잎이 나서 멀리서 보면 마치 나팔처럼 보이기도 하는데, 비가 오면 나팔처럼 보이는 잎이 깔때기 구실을 해 중앙에 물을 담을 수 있는 워터 뱅크가 생긴다. 워터 뱅크에 들어가는 물의 양은 100밀리미터에 불과하지만 이곳이 세상 전부인 줄 알고 사는 작은 개구리들이 열대우림에는 엄청나게 많다. 고작 반 컵의 물이 개구리들에겐 우주가 될 수 있다니 새삼 놀라울 따름이다. 인간을 이런 방식으로 바라보는 존재가 어딘가에 있을 수도 있겠다고 생각하면 작은 워터 뱅크를 다시 바라보게 된다.

다시 난초 이야기를 해보자. 난초 역시 열대우림에서 살아남은 존재다. 꽃이 피는 식물은 바람이나 동물이 반드시 꽃가루를 옮겨주어야 한다. 하지만 열대우림은 나무가 완벽하게 바람을 막고 있고 동물들은 저마다 자기 영역을 벗어나지 않으려고 하다 보니 난초의 입장에선 누군가를 콕 집어 수분(가루받이)하는 일에 동참하도록 만들어야 한다. 이와 같은 전략을 성공시키기 위해 난초는 곤충이나 작은 새에게 매력적인 이성으로 보이도록 외모를 변화시켰다. 자원이 부족한 상황이 난초의 외모를 아름답게 만든 셈이다.

이런 이야기를 들으면, 역시 결핍이 발전을 가져온다고 쉽게 결론 내릴지 모르겠다. 그러나 꼭 그런 것은 아니다. 결핍, 부족함은 동기를 부여하는 많은 조건 중 하나에 불과하다. 끝도 없이 결핍을 채워야만 살아남을 수 있는 세계에선 아름다움이 차지할 자리가 없다. 하지만 난초는 아름답다. 이건 어떻게 설명해야 할까?

열대우림의 경계 중 강이나 호수와 인접한 부분은 강둑 쪽에서 햇빛이 들어와 열대우림 한가운데보다 다양한 식물이 산다. 그중 덩굴식물은 햇빛을 조금이라도 더 보려고 붙들 수 있는 것은 무엇이든 타고 오르기 때문에 발 디딜 틈이 없는 빽빽한 숲을 이루게 되는데, 이를 정글이라고 한다. 정글과 열대우림이 맞닿은 부분에는 경계가 분명하지 않은 전이지대가 있고, 이곳에는 열매를 맺는 나무가 많아 먹을 것이 풍부한 편이다.

동남아시아의 열대우림에도 이런 지역이 있는데 이곳에는 화려한 깃털을 지닌 극락조가 산다. 이들은 모두 수컷으로, 딱 보기에도 날아다니는 데 전혀 도움이 안 될 것 같은 지나치게 화려한 깃털을 지니고 있다. 먹이가 풍부한 사회에선 먹이를 얻는 능력만으로는 우월한 존재가 될 수 없다. 그 결과 극락조의 암컷들은 화려한 깃털을 지닌 수컷을 제짝으로 선택하기로 마음먹은 것이다.

그러니 결핍이 변화의 원동력인가에 대한 대답은 '아니오'인 셈이다. 결핍은 변화의 시작은 될 수 있으나 변화를 지속시키는 에너지는 될 수 없다. 부족한 것을 채우기만 해서는 그다음 스텝을 밟을 수 없다. 다음으로 나아가려면 아름다움과 기쁨이 필요하다.

난초는 한 곤충만 공략하기 위해 몸의 구조까지 바꾸며 결핍을 극복했다. 수많은 시도 끝에 난초는 기이한 아름다움을 완성했고 곤충의 이목을 끄는 일에 성공했음은 물론,

인간의 시선도 사로잡았다. 이제 싱가포르에선 곤충 대신 인간이 면봉을 들고 꽃가루를 날라준다. 난초는 의도하지 않았겠지만 그들의 아름다움이 빚어낸 결과다.

생명이란 어떤 상황에서도 살아남으려는 강한 의지가 있고, 이와 같은 의지는 자원이 부족하든 넘치든 상관없이 모든 생명이 지니는 속성이다.

어떤 상황에 놓여 있든 지금 이 순간 지구에 존재하는 모든 것들은 살아 있는 자체만으로도 충분히 가치를 지니고 있다. 단지 숨만 쉬고 있다 할지라도.

3

사바나의 풀 냄새

검은꼬리누와 얼룩말 떼가 지나가고 나면 사바나에는 풀 냄새가 가득하다. 밤사이 비가 오고 새벽부터 풀을 뜯던 초식동물들이 훑고 지나간 뒤를 따르면 뭐라 형용할 수 없는 시원한 향기가 코끝을 자극한다. 코를 싸하게 자극하는 싱그러운 풀 냄새의 정체는 '시스-3-헥세놀cis-3-Hexenal'이다. 탄소 6개가 붙어 있어 '헥사'라는 단어가 붙었고, 여섯 번째 탄소 끝에 알코올이 붙어 있어 '올'이 붙었다. 풀을 뜯거나 벨 때 향이 나는 것은 단순한 느낌이 아니라 진짜로 풀에 알코올 성분이 들어 있기 때문이다.

식물이 이런 향을 만든 이유는 무엇일까? 달콤한 향은 꽃가루를 옮기는 데 도움이 되겠지만 풀이 잘려야만 나는 이런 향은 식물에게 어떤 도움이 되는 걸까?

잎이나 줄기가 뜯겨 나갈 때 나는 향은 식물이 자신을 방어하는 무기다. 이와 같은 사실을 알아낸 인간들은 스스로

똑똑하다는 자만에 빠져 우스꽝스러운 일을 벌였다.

실과 옷감을 얻기 위해 재배하는 목화라는 식물이 있다. 목화가 왜 다른 식물과 달리 먹지 못하는 섬유질 열매를 갖게 되었는지는 모르겠으나, 다행히 그 효용성을 알아본 인간 덕분에 지구상에서 지금까지 사라지지 않고 번성하고 있으니 그 선택은 옳았던 것 같다. 하지만 모든 일에는 동전의 양면 같은 속성이 있어서, 오늘날 농장에서 재배하는 목화는 각종 농약과 비료가 아니면 그만한 크기로 자라날 수가 없다. 게다가 살충제에 내성이 생긴 해충 때문에 농장에서조차 살지 못하는 경우도 있다.

1980년대 미국의 목화밭에는 어떤 약도 듣지 않는 애벌레가 등장했다. 목화 잎을 먹고 자라는 애벌레를 그냥 두면 목화 잎을 몽땅 갉아 먹을 텐데, 그러면 광합성을 못해 꽃이 피지 않고 열매도 맺지 못하게 된다. 까딱하다간 목화를 하나도 건지지 못할 위기에 놓인 것이다.

그러던 중 한 목장주가 이 애벌레의 몸속에 알을 낳는 기생말벌이 있다는 사실을 알아냈다. 당시엔 천적을 이용한 해충 박멸법이 한창 떠오르던 때라 농장주들은 기생말벌을 이용해 목화 잎을 갉아 먹는 애벌레를 퇴치하기로 마음먹었다. 그래서 기생말벌을 공장에서 대량생산한 뒤 종이봉투에 담아 경비행기를 타고 다니며 목화밭에 던지기로 했다.

농장주들은 기뻐했다. 이제 종이봉투가 땅바닥에 떨어지면 말벌들이 튀어나와 잎과 열매마다 붙어 있는 애벌레의 몸속에 알을 낳을 것이고, 애벌레는 곧 죽음을 맞이할 터였다. 드디어 해충 박멸이다!

그러나 일은 뜻대로 되지 않았다. 기생말벌은 바로 눈앞에 알을 낳기에 안성맞춤인 애벌레가 있는데도 그것을 알아보지 못했다. 정말 보기에도 안타까울 정도로 기생말벌들은 이리저리 헤매다 그냥 죽고 말았다. 농장주들은 몹시 당황했다. 도대체 무엇이 문제였을까?

공장에서 키운 기생말벌에게는 심각한 문제가 있었다. 원래 기생말벌은 목화 잎을 갉아 먹는 애벌레의 몸속에서 성장한다. 그 과정에서 애벌레가 먹었던 목화 잎의 향기를 기억한다. 기생말벌이 성체가 되면 목화 잎이 풍기는 풋내를 쫓아간다. 그곳에 알을 낳기 좋은 애벌레가 있기 때문이다. 이건 어린 시절에 먹었던 음식의 냄새를 맡으면 자연스레 고향이 생각나는 것과 같다. 기생말벌은 애벌레를 찾아가는 것이 아니라 애벌레가 목화 잎을 갉아 먹을 때 뿜어져 나오는 시스-3-헥세놀 향을 맡고 오는 것이다.

종이봉투에 담겨 목화밭에 떨어진 기생말벌들은 불쌍하게도 그런 향기를 학습할 기회가 없었다. 말벌들은 옥수수와 콩가루를 먹고 자란 애벌레의 몸속에서 알을 까고 구더기가 되었으므로 목화 잎의 향은 맡아본 적도 없다. 세상 밖으로 나와 살아가는 데 필요한 교육을 제대로 받지 못한 것이다.

종이봉투 속 말벌들은 온실에서 자란 화초처럼 영문도 모른 채 목화밭에 던져져, 어떤 일을 해야 하는지도 모르는 처지에 놓인 셈이다. 결국 불쌍한 기생말벌은 "여기는 어디? 나는 누구?"를 외치며 알 낳을 곳을 찾다 죽어갔다. 그리고 천적을 이용해 해충을 박멸할 꿈을 꾼 농장주들은 막대한 손해를 봐야 했다.

여기서 큰 손해를 본 또 다른 존재가 있으니, 바로 목화다. 목화는 제대로 자란 기생말벌이 와서 애벌레의 몸속에 알을 낳아주어야 잎과 열매를 지킬 수 있다. 목화는 그 목적을 달성하기 위해 애벌레가 잎을 갉아 먹을 때마다 휘발성이 강한 풀 향기를 피워 기생말벌을 불렀다. 아주 간절하게 SOS를 친 것이다. 하지만 애석하게도 하늘에서 종이봉투를 타고 내려온 말벌들은 그 향기를 전혀 알지 못했다.

식물이 내는 풋내는 자신을 지켜내기 위한 방어 수단이다. 사람들이 채소를 싫어하는 것도 이런 이유다. 그래도 사람들은 채소가 몸에 좋다는 근거를 들어가며 어린아이들이 채소를 편식하지 않도록 유도한다. 이 또한 식물에겐 이득이다. 사람들은 채소가 몸에 좋다는 이유로 지구상에서 사라지지 않도록 노력할 테니 말이다.

풀 냄새에도 이유가 있듯 이 세상 모든 것은 저마다 존재 이유가 있다. 그리고 그것을 하나하나 알아가는 것은 매우 큰 기쁨이다. 그래서 공부가 필요한가 보다.

4

'카페 데 오야'

멕시코의 카페에 가야 주문할 수 있는 커피가 있다. '카페 데 오야^{café de olla}'가 바로 그것이다. 단어를 있는 그대로 풀이하면 '흙 항아리 커피'라는 뜻으로, 이 커피를 마시다 보면 말 그대로 지구를 마시고 있다는 느낌이 든다.

이 독특한 커피를 만들려면 우선 흙으로 빚은 오야 항아리가 있어야 한다. 배가 불룩 튀어나와 있고 위로 갈수록 좁아지다가 끝부분은 나팔처럼 넓어지는 항아리다. 여기에 물을 붓고 굵게 간 커피와 몇 가지 재료를 넣은 뒤 약한 불에서 하룻밤 동안 뭉근히 끓이면 매우 진한 커피가 완성된다. 이것이 항아리에 끓인 커피, 카페 데 오야다.

커피는 항아리를 축소한 두툼한 잔에 담겨 나오는데, 받침에는 손가락 한 마디 크기의 진한 갈색 덩어리 '필론시요^{piloncillo}'가 놓여 있다. 사탕수수 원당을 졸여 식힌 설탕 덩어리인 필론시요는 매우 단단해서 망치로 깨야 한다. 정재하지 않은 설탕이라 단맛 외에도 곡식을 오래 씹었을 때 느낄 수 있는 감칠맛이 난다. 물론 이 재료는 커피를 끓일 때도 들어간다.

　카페 데 오야를 한 모금 마시면 몇 가지 재료 중 하나는 확실히 알 수 있다. 바로 계피다. 계피는 녹나무속에 속하는 나무의 속껍질을 벗겨 말려서 만드는데, 건조 과정에서 껍질이 결에 따라 돌돌 말리기 때문에 완성된 계피는 굵은 빨대 모양이 된다. 보통 이것을 가루로 내서 요리에 쓰기도 하지만, 은은한 계피 맛을 낼 때는 계피 스틱을 넣고 끓이기도 한다. 카푸치노 위에 뿌린 계핏가루에 커피 맛이 눌려, 도대체 누가 커피에 계핏가루를 뿌려 마실 생각을 했는지 짜증이 나곤 했는데, 이 커피는 그렇지 않다. 향이 따로 놀지 않는다.

　'아, 이런 맛을 내려고 커피에 계피를 넣는구나!'

　다시 커피를 한 모금 마시고 숨을 내쉬면 무언가 이국적이면서 복잡한 감정을 이끌어내는 향이 느껴진다. 이게 뭘까? 바로 아니스 향이다. 이게 무슨 향이냐 하면, 어릴 때 시럽의 형태로 복용하던 감기약 향이다. 그러니 마음이 복잡할 수밖에.

아니스는 미나리과에 속한 초본으로 씨앗과 줄기와 잎을 말려서 향신료로 쓰는데, 효능 좋은 소화제로 알려져 오래 전부터 민간요법에 사용되어온 풀이다. 지금도 동유럽이나 남아메리카에 가면 아주 붙임성이 좋은 젊은이들이 아니스로 만든 소화제를 병에 담아 한 잔씩 따라주며 사라고 하는 풍경을 볼 수 있다. 내가 마셔봐서 아는데, 효과가 매우 좋다. 아무튼 동유럽과 동남아시아가 원산지인 이 향신료는 배를 타고 남아메리카 대륙까지 와서 커피와 함께 우려내는 데 쓰인다.

다음으로 느낄 수 있는 것은 정향의 향이다. 씨앗이 못처럼 생겼다고 해서 정향이라는 이름이 붙었다. 은단이나 까스활명수를 먹어보았다면 여러분은 이미 정향의 향을 아는 것이다. 정향나무의 씨앗은 향이 워낙 강해 몇 개만 사용해도 다른 향을 다 눌러버리기 때문에 고기의 누린내를 잡을 때 많이 쓴다. 모기 기피제를 만들 때도 빠지지 않는다.

이것이 끝이 아니다. 여기에 오렌지 껍질 간 것을 넣는다. 오렌지 껍질의 쌉싸름한 맛은 다른 맛과 향을 돋보이게 하는 역할을 한다. 물론 너무 많이 넣으면 안 된다. 참 어려운 말이지만, 적당히 넣어야 이 효과를 낼 수 있다.

커피는 북회귀선과 남회귀선 사이에 있는 열대지방에서 자라는 나무의 열매로 사람들은 꼭두서닛과 코페아속에 속한 이 나무의 열매에 광적으로 집착하는 경향이 있어서, 어느 날 갑자기 커피나무가 사라지면 지구는 일대 혼란에 휩싸이게 될지도 모른다. 또 무역량도 석유 다음으로 많기에 지구의 경제가 뿌리째 흔들릴 것이 분명하다.

물론 커피 농장이 많아지는 것이 그리 좋은 일은 아니다. 커피 재배량을 늘리려고 멀쩡한 숲을 밀어버리는 통에 사막화가 가속화되고 기후변화에도 적지 않은 영향을 주기 때문이다.

아무튼 나는 멕시코시티에서 카페 데 오야를 마신 뒤, 그 맛에 감동해 모든 재료를 사서 귀국했다. 그리고 카페 주인이 일러준 대로 솥에 넣고 오래도록 끓였다. 그런데 그 맛이 나지 않았다. 여러 번 반복해도 맛은 나아지지 않았다. 내가 무엇을 잘못했는지 생각해보았다.

"맞아, 솥이 문제야. 항아리를 사 오지 않은 게 문제였어!"

재래시장을 돌고 돌아 흙으로 빚은 약탕기를 샀다. 그래도 그 맛이 아니다. 물이 달라서였을까? 아마 멕시코에서 수입한 물이 있더라도 그 맛은 나지 않을 것이다.

내 기억에 진하게 남아 있는 카페 데 오야는 시간과 공간과 분위기에 대한 기억의 합작품이다. 오직 2015년 어느날 아침 멕시코시티에 있던 카페에서만 만들어낼 수 있는 기록이다. 그러니 그 맛을 재연하기란 불가능하지 않을까.

카페 데 오야는 단순히 여러 재료를 섞어 만든 커피가 아니다. 이 커피의 재료가 되는 열매들은 저마다 다른 경로로 제각각의 이야기를 가지고 멕시코로 왔다. 그러곤 어느 날한 항아리 속에 담겨 그 순간에만 탄생할 수 있는 커피가 되었다. 그러니 이 커피는 지구 전체를 품고 있다고 해도 과언이 아니다.

한 가지 불편한 점은 오야 항아리를 닮은 커피 잔이 너무두꺼워 커피를 한 모금 마시고 컵을 떼면 커피가 조금씩 흐른다는 것이다. 깔끔하게 마실 수가 없다.

하지만 괜찮다. 지구의 맛을 보는데 이게 뭐 대수라고!

ANIMAL

내가 사랑한
동물들

코나의 고래

하와이 빅 아일랜드의 서쪽 해안에는 힐로보다 조금 작은 코나라는 도시가 있다. 늘 비가 오는 동쪽의 힐로와 달리 서쪽의 코나는 늘 맑다. 왜냐하면 습기를 머금은 구름이 힐로에 비를 뿌리고 건조해진 상태로 넘어오기 때문이다. 그 덕분에 빅 아일랜드의 서쪽은 사람들이 '하와이' 하면 떠올리는 전형적인 휴양지의 풍경을 그대로 지니고 있다.

힐로에 사는 사람들은 각종 수상 스포츠를 즐기러 마우나케아산을 넘어 코나로 온다. 예전에는 롤러코스터를 타는 것처럼 위험하기로 악명 높은 새들로드^{saddle road}를 이용했지만, 이제는 섬을 관통하는 반듯한 고속도로가 뚫려 훨씬 쉽게 섬을 가로지를 수 있다. 와이콜로아에서 코나로 이어지는 서쪽 해안에서 사람들은 파도타기, 스노클링, 수영 등을 즐기곤 하는데, 그중에서도 겨울철 고래를 볼 수 있다는 게 가장 큰 묘미다.

1월부터 4월까지 하와이 해안에는 거대한 혹등고래들이 나타난다. 여름 내내 알래스카에서 청어를 잡아먹으며 지내던 혹등고래들은 겨울이 되어 날이 추워지면 5,000킬로미터를 헤엄쳐 하와이로 온다. 고래들도 따뜻한 곳을 찾아 휴양지로 오는 것이다.

혹등고래는 몸길이 12~16미터에 몸무게가 30톤에 이르는 거대한 해양 포유류로, 6미터에 이르는 긴 앞지느러미를 가졌다. 이 지느러미로 말할 것 같으면 가장자리에는 따개비 같은 고착생물이 붙어 있는데, 이는 어떻게 보면 매우 훌륭한 장식으로 보이기도 하지만 괜히 근처에 있다가 고래가 휘두르는 지느러미에 살짝 스치기라도 하면 피부가 사정없이 찢기는, 한마디로 놀라운 무기가 되기도 한다. 물론 지느러미에 스치거나 맞으면 아픈 걸 느낄 겨를도 없이 사망이다.

혹등고래는 다양하고 기발한 방법으로 사냥을 하는 것으로도 잘 알려져 있다. 기포를 발생해서 그물을 치는 놀라운 방법으로 청어를 사냥하는가 하면, 꼬리로 청어 떼를 후려쳐 기절시킨 다음 잡아먹기도 한다. 최근 과학자들이 밝혀낸 사실에 의하면, 기포고 뭐고 상관없이 그냥 입을 벌린 채 청어를 기다렸다가 잡아먹는 방법도 개발했다고 한다. 이는 알래스카에서 하와이로 오는 길목인 캐나다 해안에서 목격한 사실로, 혹등고래는 새들이 모여 있는 것을 보면 그곳으로 헤엄쳐 가서 커다란 입을 벌리고 기다린다고 한다. 새를 보고 물고기가 있다는 사실을 알아채는 것이다. 물고기도 새들이 포식자라는 것을 알기에 서둘러 피할 곳을 찾는데, 그곳이 고래의 입속이라는 사실은 전혀 눈치채지 못했을 것이다. 그 순간 고래는 청어를 집어삼킨다.

벌린 입의 크기만 해도 10미터가 넘는 거대한 생물이 입을 '아' 벌리고 먹이를 기다리는 장면을 떠올리면 참 우습다가도, 피난처인 줄 알고 들어간 그곳이 하필 고래의 입속인 걸 알고 당황할 청어를 생각하면, 웃어야 할지 울어야 할지 갈피를 잡을 수가 없다.

아무튼 고래가 한 입에 삼킨 청어의 양으로 치면 이거야말로 한 입 거리밖에 안 되지만, 움직임을 최소화하면서 먹이를 얻을 수 있는 아주 효율적인 사냥 방법이라고 과학자들은 설명한다. 더 놀라운 사실은 2011년에는 무리 중 단 두 마리만 이런 방식으로 청어를 사냥했다면, 2018년에는 55

마리 중 무려 20마리가 이런 행동을 했다는 점이다. 동료들의 새로운 방식을 보고 배우며 학습했다는 뜻인데, 이는 동물에게도 인간 못지않은 지능이 있다는 것을 알려주는 좋은 사례다.

혹등고래는 의협심이 강한 것으로도 유명하다. 이들은 주로 범고래에게 쫓기거나 괴롭힘을 당하는 동물들을 도와준다. 새끼 귀신고래를 괴롭히는 범고래를 혹등고래가 대신 쫓아내주는가 하면, 북극에서는 배를 드러내고 누운 혹등고래가 긴 앞지느러미와 가슴 사이에 바다표범을 태워 안전한 유빙으로 데려다주는 장면이 포착되기도 했다.

혹등고래는 범고래가 사냥하는 소리가 들리면 그곳이 몇 킬로미터 떨어진 곳이든 가던 길을 멈추고 헤엄쳐 가서 범고래들을 물리친다. 자신에게 아무런 이득이 되지 않는 이런 행동을 굳이 혹등고래가 하는 이유는 뭘까?

과학자들은 이런 행동을 '피식자의 포식자 괴롭히기'라고 부르는데, 사자를 괴롭히는 코끼리, 독수리를 골리는 까치, 범고래를 응징하는 혹등고래 등이 바로 그렇다. 이들의 공통점은 포식자에게 새끼를 잃은 경험이 있다는 것이다.

범고래가 혹등고래의 새끼를 잡아먹는 사실을 떠올리면 이는 매우 설득력 있는 이유다. 코끼리나 까치가 사자와 독수리를 괴롭히는 이유도 마찬가지로 새끼를 잃은 경험이 있어서다.

혹등고래는 범고래에게 경고를 보내기 위해 당장은 이득이 없더라도 일단 달려가 본때를 보여준다. "우리 애들 잡아먹으면 너 죽는다!" 뭐, 이런 느낌이다. 이것은 앞으로 태어날 새끼를 위한 행동이며, 나아가 자식의 생존율을 높이기 위해 미리 애쓰고 있는 것이다. 다른 종을 돕는 것은 그 과정에서 나타난 결과일 뿐이다. 이 모두 덩치가 크기에 가능한 일이다.

범고래 역시 먹고살려고 작은 동물들을 잡아먹지만 최근 관찰한 바에 따르면 괴롭히는 것 자체를 즐기는 개체도 있다고 한다.

그래서인지 혹등고래에게 마음이 살짝 더 가는 게 인지상정!

2

세렝게티의 왕은 사자가 아니더라

아디스아바바, 킬리만자로, 아루샤를 거쳐, 집에서 출발한 지 27시간 만에 도착한 이곳은 세렝게티! TV 프로그램 〈동물의 왕국〉에 자주 나오는 바로 그곳이다. 세렝게티는 '끝없이 평평한 땅'이라는 뜻으로 탄자니아 북부와 케냐 남부에 걸쳐 있으며, 수백만 마리에 이르는 야생동물이 훌륭한 생태계를 이루고 있는 곳이다. 사람들은 바로 이 야생동물을 보기 위해 비싼 값까지 치르면서 이곳을 찾는데, 그중에서도 사자를, 그것도 사냥하는 사자의 모습을 보고 싶어 한다.

결론부터 말하자면 욕심이 너무 많다. 사자가 사냥하는 장면은 웬만해선 보기 힘들다. 사자는 배가 고파야 사냥을 하는데 그때가 언제인지 알 수 없으니 그저 운이 좋기를 바라는 수밖에 없다. 그런 까닭에 다큐멘터리 작가들은 사자가 사냥하는 장면을 찍기 위해 몇 달씩 고생하기 일쑤다.

사람들은 왜 사자의 사냥하는 모습에 집착하는 것일까? 아마도 얼룩말, 가젤, 검은꼬리누 같은 초식동물을 골라 사냥하는 최상위 포식자를 보면서 이 세상을 마음대로 주무르는 왕의 모습을 떠올릴 테고, 나아가 왕이 되고 싶은 욕구에 대리만족을 얻으려는 것인지도 모른다. 사냥하는 사자를 보고 싶어 하는 것도 사자가 사바나의 왕이라고 생각하기 때문이다. 다큐멘터리나 애니메이션에서도 사자가 어김없이 왕으로 표현되는 걸 보면 정말로 그런 것도 같다.

그런데 정말 그럴까?

세렝게티에서 가장 감동적인 장면을 꼽으라면 나는 주저 않고 끝없이 펼쳐진 대지 위에서 초식동물들이 코를 박은 채 열심히 풀을 뜯는 모습을 들 것이다. 360도로 머리를 돌려야 볼 수 있는 초원에 무심한 듯 풀을 뜯고 있는 검은꼬리누, 얼룩말, 가젤, 버팔로를 보고 있자면 나도 함께 풀을 뜯으며 저 완벽한 풍경화의 일부가 되고 싶은 충동을 느낀다. 반면 사자는 우산가시나무 그늘 아래서 휴식을 취하는 시간이 많은데, 하도 숨을 헐떡대서 쉬고 있는 것조차 너무 힘들어 보인다. 아무리 봐도 저건 왕의 자태가 아니지 싶다.

　세렝게티의 초식동물 중에서 개체 수가 가장 많은 것은 검은꼬리누다. 100만 마리에 달하는 검은꼬리누가 풀을 뜯기 시작하면 번개가 쳐도 들불이 일어나지 않을 만큼 풀의 길이가 눈에 띄게 짧아진다. 초원에 불이 나지 않으면 나무의 싹이 살아남아 나무가 많아지고 덕분에 아카시아나무 잎을 먹는 기린의 수가 늘어난다. 또한 긴 풀 때문에 빛을 보지 못했던 키 작은 꽃들이 마음껏 꽃을 피운다. 그리고 나비가 돌아와 세렝게티에 아름다움을 더한다. 이 모든 변화의 시작은 초식동물이 사바나의 풀을 열심히 뜯어 먹어서 가능한 일이다.

　검은꼬리누의 수가 늘면 사자나 하이에나와 같이 사냥하는 포식동물의 수도 늘어난다. 포식자들은 새끼나 병들고 약해서 무리로부터 떨어져 나온 동물들을 사냥한다. 여기까지만 들으면 사람들은 사자나 표범 같은 최상위 포식자가 검은꼬리누의 수를 적절하게 조절할 것이라고 생각한다. 그러나 검은꼬리누의 수를 조절하는 것은 사자가 아니라 강수량과 풀이다.

　검은꼬리누는 비가 오는 것에 맞추어 1년에 한 번씩 케냐와 탄자니아를 왕복하는 여행을 한다. 물을 찾아가는 것이 기도 하지만 비가 와야 풀이 자라기 때문에 결과적으로 풀을 따라가는 것이다. 인간에게 실크로드가 있는 것처럼 세렝게티의 초식동물에게는 그린로드가 있는 셈이다.

검은꼬리누가 물과 풀을 찾아 북쪽으로 떠나도 세렝게티 남부에 사는 사자들은 가지 못한다. 사자에게는 새끼들이 있고 사자 새끼들은 검은꼬리누처럼 먼 길을 여행할 수 없기 때문이다. 케냐에 있는 또 다른 사자 무리가 검은꼬리누를 잡아먹을 테지만 상관없다. 검은꼬리누는 풀만 많으면 저절로 번성이 가능하다. 반면 사자는? 검은꼬리누가 없으면 굶어죽는다.

자, 이쯤 되면 세렝게티의 진정한 왕이 누군지 다시 생각해봐야 하지 않을까?

우리 사회 역시 세렝게티와 크게 다르지 않다. 어디에 가든 사람이 많이 모여 있는 곳을 유심히 살펴야 한다. 권력자나 부자는 사람이 많은 곳을 기웃거린다. 그들의 운명이 묵묵히 일하는 수많은 사람들의 손에 달려 있기 때문이다. 사자의 수가 검은꼬리누의 수에 따라 좌우되듯 말이다.

끝없이 펼쳐진 초원에서 열심히 풀을 뜯고 있는 초식동물 수천 마리를 보고 있으면 너무나 평화로워서 눈물이 날 것만 같다. 저 수많은 검은꼬리누의 평화가 곧 세렝게티의 평화다.

그런데 우리 사회도 과연 그러한가?

3

힐로의 개구리

하와이 빅 아일랜드의 동쪽에는 이 섬에서 가장 큰 도시인 힐로가 있다. 힐로는 하와이제도 전체에서 호놀룰루 다음으로 큰 도시지만, 솔직히 말하면 인구나 경제 규모로만 보자면 호놀룰루와 비교할 수 없을 정도로 아주 작은 도시다.

군청 소재지라는 것 말고는 딱히 볼 게 없는 이 도시의 놀라운 점은 해가 지면 나타난다. 소리로 들리기 때문에 '나타난다'는 단어가 딱 들어맞진 않지만, 소리를 지르는 실체가 존재하니 볼 수는 없더라도 나타난다는 표현이 아주 틀린 말은 아닌 듯싶다.

해가 지면 섬 곳곳에서 매우 큰 새소리가 끊임없이 들린다. 해가 진 뒤에 지저귀는 새라니, 뭔가 좀 이상하다. 왜냐하면 어두울 때 소리를 내면 포식자에게 잡아먹힐 우려가 있기 때문이다. 그러니 만약 이 소리의 주인공이 새라면 이 새는 좀 이상한 새일 가능성이 크다.

보통 새들은 날이 밝으면 기상용 알람을 맞출 필요도 없이 아주 시끄럽게 울어댄다. 좀 시끄럽고 귀찮긴 하지만 새가 시끄럽게 우는 곳은 청정 지역일 확률이 높다. 새는 환경오염에 취약하기에 물과 공기가 깨끗한 곳일수록 다양한 종, 많은 개체가 어우러져 살아갈 수 있기 때문이다.

하와이는 환경보호에 매우 신경을 쓰기 때문에 새가 살기에 좋은 곳임은 틀림없다. 그래도 밤마다 우는 새라니 뭔가 이상하다. 대체 왜 하와이의 새들은 밤마다 시끄럽게 우는 것일까?

다행스럽게도 이 지역의 새들은 아무런 문제가 없다. 밤마다 커다란 소리를 내는 주인공은 새가 아니다. 바로 개구리다. "코퀴이이~" 하고 운다고 해서 '코쿠이'라 불리는 이 개구리는, 몸집은 2센티미터 정도로 아주 작지만 짝짓기 시기에 수컷이 내는 소리는 90데시빌에 이른다. 이 정도면 공항 주변과 맞먹는 소음의 크기다.

이 소리 때문에 빅 아일랜드에서는 코쿠이 서식지 근처의 부동산 가격이 크게 하락하고, 개구리 소리가 들리지 않는 지역의 부동산은 20~30퍼센트 상승하는 웃지 못할 일까지 벌어졌다. 재산권을 침해받은 주민들이 얼마나 화가 났으면 개구리의 심장 발작을 유도하기 위해 서식지에 카페인을 뿌리는가 하면, 살충제 역할을 하는 구연산을 뿌리거나 개구리에게 유해하다고 알려진 자외선을 쪼이는 등 할 수 있는 거의 모든 일을 다 했을까. 하지만 이런 노력은 아무런 효과도 거두지 못했다.

손톱만 한 개구리들은 인간이 생각해낸 여러 가지 개구리 박멸 작전과 무관하게 날로 그 수가 증가하고 있다. 게다가 하와이에는 개구리의 천적인 뱀이나 독거미가 없다. 아무도 코쿠이 개구리의 독주를 막을 수가 없는 것이다.

인간들은 부동산 가격 하락에 분노하지만 정작 큰일은 따로 있다. 개구리들이 식물을 수분시키는 곤충을 잡아먹어 농사에 막대한 피해를 준다는 점이다. 또 개구리나 개구리의 알이 농산물에 섞여 섬을 빠져나가는 일이 없도록 빅 아일랜드에서는 수확한 농산물을 수출하는 것이 금지다.

그런데 참 이상하다. 이 개구리들은 대체 어디에서 생겨난 것일까?

코쿠이의 고향은 푸에르토리코의 열대우림이다. 놀랍게

도 이들은 물이 아닌 흙에 알을 낳는다. 알이 마르지 않게 어미가 가끔씩 품어주긴 하지만 물이 없어도 알을 낳는 데 아무런 지장이 없다. 알을 물에 낳지 않으니 올챙이 시절도 없다. 그렇다. 이들은 개구리 상태 그대로 태어난다. 아주 작게.

열대우림에서 이 개구리들의 지위는 아주 중요하다. 종이 다양하고 개체 수가 많아 어마어마한 양의 곤충과 애벌레들을 먹어치워 벌레의 수를 조절한다. 반대로 더 큰 몸집의 개구리와 파충류, 작은 포유류의 먹이가 되기도 하는데, 코쿠이의 개체 수가 워낙 많아 상위 포식자들은 굶어 죽을 걱정이 없다. 만약 이 개구리들의 수가 줄면 열대우림의 생태계는 망가질 수밖에 없다. 그런데 기후변화 탓으로 허리케인이 열대우림을 휩쓸고 지나가 코쿠이의 서식지가 파괴되고 말았다. 그 결과 푸에르토리코에서는 지금 코쿠이가 멸종하기 일보 직전이다.

고향에선 이렇게 중요한 개구리가 하와이에선 완전히 천덕꾸러기 신세다. 코쿠이 알은 누군가의 화분 흙에 섞여 1980년대 말 빅 아일랜드로 들어와서 자연스럽게 개구리가 되었다. 심지어 이곳엔 천적도 없다. 말 그대로 코쿠이의 천국이다. 그러다가 개구리의 수가 기하급수적으로 늘어 오늘날에 이른 것이다.

요즘도 하와이 사람들은 코쿠이 알 수색대를 조직해 주기적으로 색출 작업을 벌인다. 개구리는 이리저리 도망갈 수 있으니 움직이지 못하는 알을 찾는 것이 더 효율적이라 생각하는 듯하다. 하지만 코쿠이 알은 정말 작아서 찾는 것이 쉽지 않다. 알을 찾는 일이 쉬웠다면 지금처럼 빅 아일랜드에서 코쿠이의 엄청난 소리를 듣기 어려웠을 것이다.

만약 소리가 아닌 다른 방법으로 구애를 하는 코쿠이가 돌연변이로 생겨난다면 인간은 영원히 코쿠이를 찾지 못할 것이다. 물론 소음이 사라지면 부동산 가격이 내려갈 일도 없을 테니 아무도 개구리 울음에 관심을 두지 않겠지만.

그러니 코쿠이들아, 울지 말고 다른 방법을 찾아보렴. 안 그러면 집요한 사람들이 너희를 다 찾아낼 거야!

4

Big 5

아프리카로 사파리를 가는 사람들은 누구나 Big 5를 보고 싶어 한다. 이는 코끼리, 사자, 코뿔소, 표범, 버팔로를 가리 키는 말로 많은 사람들이 덩치가 큰 다섯 종류의 동물로 오 해하지만, Big 5는 사냥하기 힘든 다섯 종류의 동물을 이르 는 말이다.

이 말을 처음 만든 사람은 아프리카를 식민지로 삼고, 이 곳을 사냥터(또는 놀이터)로 생각하던 서구인들이다. 얼룩말 과 검은꼬리누는 개체 수가 너무 많아 굳이 조준하지 않고 총을 쏴도 얼마든지 잡을 수 있기에 백인들은 스포츠라는 이름 아래 닥치는 대로 이 동물들을 죽였다. 그들은 고기나 가죽을 얻기 위해 사냥을 한 것이 아니라 그냥 재미로 총을 쏜 것이다.

그러나 코끼리, 사자, 코뿔소, 표범, 버팔로는 다르다. 이 들은 얼룩말이나 검은꼬리누처럼 사냥을 당하는 동물이 아니라 사냥을 하는 동물이다. 두 눈이 앞을 향하고 있어 상대 방의 움직임을 재빨리 포착해 이때다 싶으면 언제든 주저 없이 달릴 수 있다. 또 쇄골이 앞다리와 가슴 사이에 근육으로 연결되어 있어 앞발을 좌우로 움직일 수 있기에 달리다가도 방향을 재빠르게 바꿀 수 있다. 이들의 민첩성과 공격성은 초식동물과는 비교할 수 없을 정도로 뛰어나다. 사자와 표범은 단순히 놀이 삼아 잡을 수 있는 동물이 아닌 것이다.

결정적으로 사냥을 하는 동물들은 지능이 좋아 인간이 큰 위협이 될 수도 있다는 사실을 알아차렸다. 그 탓에 사람이 여럿 죽기도 했다. 얼룩말을 사냥할 때는 생각지도 못한 일이었다. 코끼리 역시 지능이 좋아 사냥하는 사람을 보면 공격적으로 달려들고, 덩치가 커서 한두 사람의 협공으로는 잡을 수가 없다. 버팔로와 코뿔소도 마찬가지다.

백인들은 동물을 죽이는 일에 쓸데없이 집착했다. 사냥하기 힘든 동물에게 'Big 5'라는 명칭을 붙인 뒤 사냥하는 사람들의 살기를 부추겼다. 이렇게 이름까지 달아 목표를 정하니, 사냥꾼들 사이에선 Big 5를 잡지 않으면 사냥꾼 대열에 끼지 못한다는 이상한 분위기가 형성되었다. 서구의 사냥꾼들은 사람들을 끌어들이고 무기를 개량해 이 다섯 동물을 잡으려 안간힘을 썼다.

그 결과 이 동물들은 멸종 위기 동물이 되고 말았다. Big 5는 이제 사냥하기 힘든 동물이 아니라 멸종 위기 동물을 가리키는 말이 되어버렸다. 그럼에도 불구하고 사람들은 여전히 이 동물들을 불법으로 잡는다. 코끼리와 코뿔소는 상아와 뿔을 잘라 팔기 위해, 표범과 버팔로는 가죽을 얻기 위해 불법 포획을 서슴지 않는다.

코뿔소는 새끼 한 마리를 낳고 키우는 데 긴 시간이 걸리기 때문에 개체 수가 줄기 시작하면 회복이 불가능하다. 지구상에서 사라지면 우주에서 사라지는 것과 같다. 이런 귀한 동물을 고작 뿔 하나 얻으려고 죽이는 것은 참으로 어처구니없는 일이다. 밀렵꾼들이 기승을 부리다 보니 일부 코뿔소 서식지에서는 어쩔 수 없이 코뿔소의 뿔을 잘라놓기도 한다. 그러면 밀렵꾼들이 코뿔소를 잡지 않을 것이기 때문이다. 뿔이 없는 코뿔소라니, 그것도 살아남기 위해 뿔을 잘라야 한다니, 인간의 탐욕이 부끄럽다.

사람들이 사자를 잡는 것은 이유가 좀 다르다. 역사적으로 다른 나라와 전쟁을 한 뒤 승리의 상징으로 적국의 왕을 죽이는 것과 비슷한 심리라 할 수 있다. 이와 같은 정복욕은 오늘날에도 그대로 남아 있어서 이를 이용해 장사를 하는 사람들까지 생겨날 정도다.

남아프리카의 어느 지역에서는 사람들이 새끼 사자를 데려다 성체로 키운 뒤 일부러 야생에 풀어준다고 한다. 이는 진짜 사자를 야생으로 풀어주는 것이 아니라, 부자들이 돈을 내고 이 사자를 사냥할 수 있도록 해주는 것이다. 돈을 낸 사람은 야생에 막 풀려나 정신없는 사자를 사냥하고 죽은 사자와 사진을 찍은 뒤, 사자 머리를 박제해 자기 집 거실에 장식한다. 치졸하기가 이를 데 없다.

Big 5를 비롯해 멸종 위기에 처한 동물을 온 힘을 다해 보호하고 살리는 일은, 인간의 품위를 보여주는 아주 좋은 예다. 인간이 품위를 지키지 않는다면 수많은 종의 동물이 차례대로 우주에서 사라지는 것을 지켜보다 결국 인간도 멸종할 것이다. 지켜봐줄 이 없이 쓸쓸하게.

ELEPHANT

LION

BIG 5   RHINOCEROS

LEOPARD

BUFFALO

비쿠냐, 라마, 알파카, 과나코

라마, 과나코, 비쿠냐, 알파카는 모두 낙타과 동물로 안데스에선 없어서는 안 될 동물이다. 낙타과 동물이지만 등에 혹이 없고, 겉보기엔 모두 비슷하게 생겼으나 자세히 보면 머리와 실루엣이 조금씩 다르고, 크기와 무게도 다르다.

이들 유전자가 얼마나 닮았는지 분석한 과학자들에 따르면 라마와 과나코는 낙타과 라마속에 속한 동물이고, 비쿠냐와 알파카는 낙타과 비쿠냐속에 속한 동물이라고 한다. 혹시라도 이런 사항이 살아가는 데 무슨 도움이 될까 싶은 사람은 외울 필요 없다.

라마는 야생의 과나코를 아주 오래전 가축화한 동물인데, 가장 몸집이 크고 몸무게도 평균 100킬로그램 가까이 나가기 때문에 인간을 대신해 짐을 나르기에 좋다. 풀과 이끼를 뜯어 먹고 수분을 섭취하기 때문에 오랫동안 물을 마시지 않아도 잘 견디고 고산지대에서도 잘 적응한 동물이라 해발 5,000미터의 고지에서도 짐을 아주 잘 나른다. 다만 저지대에 사는 낙타처럼 몸집이 크지 않아 수십 킬로그램 이상 나가는 짐이나 사람을 태우지는 못한다.

사람이 라마를 탈 수 없다는 사실은 안데스산맥에 사는 사람들에게는 매우 안타까운 일이다. 라마는 안데스에서 가장 큰 동물이기 때문에 라마를 탈 수 없다는 것은 이동을 위해 이용할 동물이 없다는 말과도 같다. 사람들은 제 발로 걷거나 뛰는 것보다 더 빨리 이동할 수 없는 것이다.

이런 사실은 스페인의 침략자들이 쳐들어오기 전에는 아무런 문제가 되지 않았다. 하지만 총을 들고 말을 탄 유럽인들이 남아메리카에 도착했을 때 남아메리카의 원주민들은 맞서 싸울 방법이 없었다. 반면 침략자들은 탈 것은 당연히 없고 무기라곤 방망이가 전부인 원주민들을 아주 가볍게 제압하고 원하는 것을 마구 약탈했다. 만약 남미에 라마보다 큰 동물이 있어서 원주민들이 그 동물을 탈 것으로 이용했다면 역사는 전혀 다른 방향으로 흘러갔을지 모른다.

라마는 제법 성깔이 있어서 짐이 버거우면 주저앉아 절대 일어나지 않고, 피곤하면 픽 쓰러져 그 자리에서 잠들어버린다. 하지만 인간에게 주기적으로 털을 제공하고 죽어서는 가죽과 고기를 내놓으니 인간의 입장에선 정성을 다해 라마의 비위를 잘 맞춰주는 것이 옳다.

라마속의 또 다른 식구 과나코는 라마보다 몸집이 조금 작아 평균 90킬로그램쯤 나가는데, 네 동물 중 혈액 속에 헤모글로빈의 수가 가장 많다. 같은 부피의 혈액을 사람과 비교하면 적혈구의 수가 무려 네 배나 많다. 그 덕에 고산지대에서는 거뜬하게 지낼 수 있지만 저지대에 내려오면 아주 고통스럽다. 산소를 너무 많이 흡수하기 때문이다.

과나코와 라마에게는 공통적인 행동 양식이 하나 있다. 화가 나거나 싸워야 할 때 초록색 침을 뱉는다는 것이다. 침을 뱉는다니 우습게 볼 사람도 있을지 모르겠으나 입 안에서 오래도록 모아 한 주먹이 훨씬 넘는 엄청난 양을 아주 빠른 속도로 내뱉기 때문에 한 방 맞으면 긴 목이 훌러덩 넘어간다. 때로는 잠시 기절을 하는 경우도 있다. 라마의 경우 가축화되는 과정에서 얌전해져 침을 덜 뱉고, 교육을 잘 받은 라마는 사람에게 침을 뱉지 않는다고도 한다. 그래도 라마를 괴롭히면 유전자 속에 남아 있던 기억의 봉인이 풀리면서 초록 침이 날아올지도 모르니 역시 라마의 비위를 잘 맞추는 것이 좋겠다.

비쿠냐와 알파카는 털을 얻을 수 있는 매우 중요한 동물이다. 알파카는 이미 많은 사람들이 알고 있고 어쩌면 알파카 털로 짠 코트나 스웨터를 한 벌쯤 가지고 있을 수도 있다. 안데스 고원에는 털을 얻으려는 목적으로 알파카를 기르고 그 수도 많아 알파카 털실은 전 세계로 퍼져 나갈 수 있었다. 4,000~5,000미터 고원에만 사는 동물의 털이니 보온 효과는 두말할 필요가 없다.

비쿠냐는 우리에게 익숙하지 않은 동물이다. 이 동물은 가장 몸집이 작기에 짐을 나를 수 없고, 멸종 위기 동물이라 잡아서 가축화하는 것은 생각도 할 수 없다. 그럼에도 불구하고 사람들이 비쿠냐에게 관심을 끊을 수 없는 이유는 이들의 털이 비단보다 가늘어서 너무나 고급스러운 옷을 얻을 수 있기 때문이다. 한 마리에게서 얻는 털의 양도 얼마 되지 않아 옛날에는 왕만이 비쿠냐 털로 만든 옷을 입을 수 있었다.

오늘날에도 비쿠냐의 수가 너무 적어 이들의 털은 귀하다. 요즘은 동물 보호 차원에서 비쿠냐와 사는 곳이 비슷한 원주민만이 귀한 털을 얻을 수 있는데, 일 년에 한 번 오직 정해진 기간에만 합법적으로 털을 얻을 수 있다. 또 한 번 털을 깎은 비쿠냐는 3년 동안 털을 깎을 수 없다는 규정에 따라 이들의 동물권도 함께 보장하고 있다.

안데스에는 이 네 동물의 덩치가 가장 크다. 예전에는 재규어가 이들을 잡아먹는 포식자였지만 이제는 재규어도 찾아보기 힘들다. 안데스에서 가장 덩치 큰 동물을 잡아 털을 얻는다니, 뭔가 귀여운 느낌이 들기도 한다. 아무튼 이 동물들은 안데스 생태계나 인간에게 매우 중요한 존재들이다.

그러니 계속 비위를 맞춰주자.

6

누가 설치류를 얕보나

세렝게티에 가면 누구나 코끼리, 얼룩말, 사자, 기린을 보며 탄성을 지른다. 하지만 눈을 아래로 돌려 땅을 보면 아주 작은 동물들이 엄청나게 많다는 사실에 깜짝 놀라지 않을 수 없다. 특히 지름 5센티미터 정도인 구멍이 여기저기 뚫려 있는 게 눈에 띈다.

십중팔구 세렝게티에 사는 설치류가 뚫은 구멍이다. 다시 말해 쥐구멍이다. 사람들은 아프리카 야생동물 목록에서 쥐를 떠올리기 쉽지 않겠지만, 그건 큰 실수다. 덩치가 아닌 개체 수로만 보면 1위가 설치류다. 게다가 신기한 설치류들도 많다.

아프리카에 사는 벌거숭이두더지쥐는 죽을 때까지 늙지 않는 신기한 쥐다. 몸길이 8센티미터에 매우 작은 쥐지만 무려 30년이나 산다. 사람으로 치면 800살까지 사는 셈이라, 사람들은 이 쥐를 연구해 불로장생의 꿈을 실현할 방법을 찾기도 한다. 물론 인간이 아무리 애를 써도 800살이나 사는 것은 불가능하다. 게다가 벌거숭이두더지쥐는 나이가 들어도 사망률이 높아지지 않는다. 그 말은 나이가 들어도 늙지 않는다는 뜻이고, 죽는 날까지 왕성하게 활동이 가능하다는 뜻이다. 다시 말해 단순히 수명을 연장하는 것이 아니라, 800살이 되도록 경제 활동을 하고 밥을 해 먹고 옷을 빨고 청소를 하고 친구들을 만나고 놀러 다니기도 한다는 뜻이다. 인간 스스로 기계가 되지 않는 한 불가능한 일이다. 하지만 쥐는 가능하다.

산미치광이 또는 아프리카포큐파인이라는 이름으로도 널리 알려진 호저는 몸길이 80센티미터에 몸무게가 무려 20킬로그램으로 설치류가 작고 힘이 없다는 편견을 완벽하게 깨부순다. 호저는 사자나 하이에나도 무서워해서 웬만해선 접근하지 않는다. 혹시라도 호저에게 달려드는 사자가 있다면 그건 용감한 게 아니라 호저라도 공격해야 할 만큼 배가 고픈 상황이라는 뜻이다.

아프리카 최상위 포식자들이 호저를 피하는 이유는 온몸에 연필 크기만큼 긴 가시가 돋아 있기 때문이다. 예전에 호저의 가시로 만든 펜으로 캘리그래피를 쓴 적이 있는데, 처음엔 그것이 돌을 갈아서 만든 펜인 줄 알았다. 어찌나 단단한지 힘주어 부러뜨리는 게 도저히 불가능했다. 그만큼 호저의 가시는 무시무시하다.

저 멀리 새끼와 함께 총총걸음으로 달려가는 호저를 보니 문득 어미가 새끼를 낳을 때는 어떤 상태였을지 궁금했다. 알고 보니 호저의 무시무시한 가시는 태어날 때는 고무처럼 아주 연한 상태지만 며칠만 지나면 아주 길게 자라나 단단한 무기가 된다고 한다. 그럼 그렇지, 그렇지 않고서야 어미가 저리 애지중지 어린 새끼를 보호할 수 있을까.

작고 약삭빠른 설치류의 이미지를 과감하게 거부하는 또하나의 설치류는 남미에 사는 카피바라다. 몸길이 1미터에 몸무게 50킬로그램에 달하는 카피바라는 건조한 것을 싫어해 틈만 나면 물속에 들어가고, 겨울에는 따뜻한 물이 솟아나는 온천에 들어가 하루 종일 나오지 않는다. 카피바라는 모든 설치류의 천적인 고양이를 무서워하지 않는 것은 물론, 인간을 보고도 겁을 먹거나 달아나지 않는다. 설치류이면서도 이렇게 행동이 대담한 것은 덩치가 매우 크기 때문이다. 동물이든 인간이든 일단 몸집이 크고 볼 일이다.

이렇게 다양한 설치류가 있지만 여전히 생태계에서 가장 하위 부분을 차지하고 있는 것은 손바닥보다 작은 설치류들이다. 특히 동양에서는 열두 띠 동물 중 하나인 쥐를 12간지에서 첫 번째로 둔다. 전해 내려오는 이야기에 따르면 소 등에 타고 있다가 결승선 근처에 왔을 때 재빠르게 뛰어내려 1등을 했다고 하는데, 이를 두고 새치기를 했다느니 쥐는 역시 잔머리를 쓴다느니 말들이 많다. 하지만 가만히 생각해 보면 몸집이 작은 설치류가 덩치 큰 동물들과 벌이는 경주에서 밟히지 않고 살아남으려면 꾀가 많고 동작이 빨라야 하는 건 너무도 당연하다. 인간들이 쥐를 업신여겨 잔꾀를 부리고 사회에 독이 되는 행동을 일삼는 자에게 쥐라는 별명을 붙여서 그렇지, 쥐는 지구상에서 없어선 안 되는 아주 중요한 동물이다.

쥐는 분류학상 설치류라고 불리는 쥐목에 속한 동물로 모든 설치류는 위아래 한 쌍의 앞니를 가지고 있다. 대부분 몸집이 작기 때문에 육식동물의 먹이가 되기 쉬워 새끼를 많이 낳고 임신 기간도 짧다. 자연 속에 있었다면 이와 같은 특징은 문제가 되지 않는다. 그러나 인간 세상에서 쥐는 매우 귀찮은 존재다. 음식이나 곡식이 있는 곳은 어디든지 들어가 먹어치우고, 이곳저곳에 치명적인 병균을 옮기며, 잡고 또 잡아도 어디선가 계속 나타나기 때문이다.

결국 인간은 쥐와의 전쟁을 선포하고 쥐잡기 명수인 고양이를 인간 세계로 들여왔다. 또 쥐약을 곳곳에 뿌려놓고 각종 덫을 설치해 쥐를 없애려고 안간힘을 써왔다. 그러나 그런다고 잡힐 설치류들이 아니다.

오늘날 도시 쥐들의 유전자는 지방을 효과적으로 분해할 수 있게끔 변형되어 피자나 도넛같이 지방이 많이 들어 있는 음식을 먹어 치우는데도 몸에 전혀 문제가 없다고 한다. 이쯤이면 환경에 맞게 몸을 변화시키는 능력은 인간보다 쥐가 뛰어나다는 사실을 인정하지 않을 수 없다. 쥐들은 유전자까지 바꾸어가며 도시의 삶에 적응하고 있는 것이다.

이런 고도의 전략을 쓰는 동물이라면 소 등에 타지 않더라도 1등 자리를 내줄만 하지 않은가.

7

헨티의 말

　몽골에 가려고 마음먹은 것은 순전히 말을 타기 위해서였다. 머리에 새의 깃털을 꼽고 광활한 사막을 달리는 북아메리카의 인디언들처럼, 얇은 얼굴 가리개를 쓰고 모래바람을 맞으며 사막을 오가는 중동 지역의 유목민 베두인족처럼, 짧은 등받이가 있는 나무 안장에 반쯤 앉은 자세로 말을 타다 몸을 획 돌려 활을 쏜 칭기즈칸의 후예 몽골 사람처럼 말을 타고 싶었다.

　동시에 나는, 이들이 말을 타면서 무슨 생각을 했을지 무척 궁금했다.

　어느 초여름, 나는 이 세 가지 중 하나라도 꼭 해보고 싶었다. 그래서 몽골로 달려, 아니 날아갔다.

　몽골의 수도 울란바토르에서 칭기즈칸의 고향 헨티까지 가려면 푸르공을 타고 17시간쯤 가야 한다. 푸르공은 러시아제 사륜구동 차인데, 차체가 높아 얕은 강도 문제없이 건

넌다. 잔고장이 없어 도로가 없는 초원을 달리는 데 딱이다.

헨티에 당도하니, 그곳에는 바람 부는 대로 일렁이는 풀 말고는 정말이지 아무것도 없었다. 잠시 후 아득히 먼 언덕 위에서 뿌연 먼지를 일으키며 점 세 개가 나타났다. 그건 말 세 마리가 분명했다. 이 초원에 먼지를 일으키며 달려오는 것이 말 아니면 뭐란 말인가?

가운데 말에만 사람이 타고 있고 양쪽에 있는 말들에는 아무도 태우지 않았다는 것도 알겠다. 저 두 마리 중 한 마리 에 내가 곧 타게 될 것이다. 말들은 곧장 내 쪽으로 달려왔다.

말의 앞다리는 한 치의 오차도 없이 똑바로 앞을 향해 뻗 는다. 다리를 내뻗을 때는 튼튼한 가슴근육이 먼저 움찔 움 직인다. 앞다리를 앞으로 뻗으려면 가슴근육부터 힘을 써야 하기 때문이다. 마찬가지로 뒷다리는 엉덩이 근육이 뒷받침 되어야 앞다리의 속력을 따라갈 수 있다. 말은 이처럼 다리 를 곧게 앞쪽으로 뻗을 수 있는 능력 덕분에 매우 빠른 속력 으로 달릴 수 있다. 이들은 다리를 좌우로 흔들면서 에너지 를 낭비하지 않는다.

말은 이렇게 빠르게, 오로지 앞으로만 달리기 위해 쇄골을 없앴다. 그 탓에 말은 고양이처럼 다리를 양옆으로 벌릴 수 없다. 동물이 뛰어오르며 앞다리를 양옆으로 벌려 사냥감을 후려치려면, 쇄골과 윗팔뼈 사이에 고무줄처럼 탄력 있는 근육이 붙어 있어야 한다. 사냥하는 동물은 모두 쇄골이 있어서 앞다리를 좌우로 움직일 수 있다. 그러나 말은 사냥을 하지 않기에 앞으로 달리는 일에 최선을 다하기로 한 것이다. 쇄골을 없애면서까지.

이제 말 세 마리는 1킬로미터 앞에 있다. 점점 가까이 오고 있다. 말과 나 사이에는 작은 언덕이 하나 있지만 말들은 언덕을 오르지 않고 살짝 돌아온다. 방향을 틀 때는 머리가 먼저 움직인다. 무게가 그쪽으로 쏠리면 앞다리가 따라가고 뒷다리도 따라간다. 쇄골이 없는 말은 그런 방식으로 방향을 바꾼다.

말이 100미터 앞에 왔다. 그 순간 놀랍게도 허브 향이 진동한다. 머리를 숙여 발밑을 보니 내가 들꽃 위에 서 있다. 세상에, 내가 꽃을 밟고 있다는 사실도 이제 알았는데, 그것이 모두 향기 나는 꽃과 풀이었다니!

말들이 어느새 내 앞에 와 있다. 해를 등진 마부가 방긋

웃는다. 얼굴은 보이지 않지만 고른 이는 보인다. 여자다. 이름은 마리. 마리가 말고삐를 건네주었다.

말에게 인사를 하려고 목에 손을 댄다. 무척 뜨겁다. 사람보다 높은 체온 덕분에 이들이 빨리 달릴 수 있다는 점을 다시 생각한다.

말과 하나가 되어 달리니 민트와 라벤더 향이 더 진하게 진동한다. 신선하고 놀랍다.

이제 하나는 알겠다. 몽골 사람들은 말을 타며 이런 생각을 했음이 틀림없다.

'꽃향기가 좋구나!'

헨티의 말

8

거대한 여인, 마망

고백 예술의 창시자인 루이즈 부르주아Louise Bourgeois의 작품 가운데 대중에게 가장 많이 알려진 것은 〈마망〉이다. 이 작품은 마디가 있는 여덟 개의 긴 다리가 돔 모양으로 버티고 있고, 돔의 중심부 가장 높은 곳에는 그물주머니가 있다. 그 속에는 둥근 공 같은 것이 들어 있다. 이 모두가 청동으로 만들어졌고, 어른 키를 훌쩍 넘길 정도로 크다. 주머니 위에는 어떤 형체도 없지만, 이 작품이 거미를 형상화한 것임은 누구나 한눈에 알아볼 수 있다. 그런데 나는 이것이 처음에 외계인인 줄 알았다.

봄에서 여름으로 넘어가는 어느 날, 나는 이태원에 있는 리움 미술관에 갔다. 미술관 마당에는 건물 입구까지 이어지는 길이 있는데, 나는 이 길이 〈오즈의 마법사〉에 나오는 것처럼 노란색이면 좋겠다는 생각을 하며 걷고 있었다. 그러다가 검은빛이 도는 청동으로 만든 예사롭지 않은 기둥이 하나 보였다. 머리를 들자 이 같은 기둥이 무려 여덟 개나 보였다!

상식적인 지구인이라면 누구나 그걸 보고 거미를 연상하겠지만, 당시 외계인의 외모에 깊이 빠져 있던 나는 의심하지 않고 그것이 외계인의 다리라고 생각했다. 나아가 SF에 기반을 둔 이런 작품을 앞마당에 가져다놓은 미술관의 놀라운 식견과 폭넓은 문화 수용력에 감탄했다. 나는 "우아!"를 연발하면서, 누가 어떤 의도로 어디서 영감을 받아 이 작품을 만들었는지 무한 호기심이 발동했다. 그 길로 건물 안으로 뛰어 들어가 도슨트를 찾아 질문을 퍼부었다.

이름을 기억하진 못하지만 그 친절한 도슨트의 표정을 아직도 잊을 수가 없다. 그녀의 눈은 웃고 있었고 손짓은 우아했지만 몸의 방향은 나에게서 멀어지고 싶다는 의사를 분명하게 표시하고 있었다. 그녀는 전체적으로 이렇게 말하고 있었다.

"아, 이 여자 뭐야!"

아무튼 친절한 도슨트 덕분에 알게 된 사실은 〈마망〉이 하나만 있는 게 아니라 전 세계에 여러 개 있다는 것이다. 그

날 나는 전 세계에 있는 〈마망〉을 다 보리라 결심하고, 이후 캐나다 오타와, 일본 도쿄, 영국 런던 그리고 서울에 있는 〈마망〉을 보았다.

놀랍게도 부르주아의 〈마망〉은 장소에 따라 느낌이 달랐다. 내가 본 〈마망〉 가운데 가장 느낌이 좋았던 것은 캐나다 오타와의 국립현대미술관 앞마당에 있는 작품이다. 왜 하필이면 북아메리카 대륙에 있는 〈마망〉이 가장 마음에 들었을까를 깊이 생각하다가 아마도 인디언의 옛이야기 때문이 아닐까 싶었다.

악몽을 잡는다는 드림캐처 이야기를 통해 인디언들의 거미에 대한 생각을 읽을 수 있다. 그들은 거미를 매우 사랑한다. 그럴 수밖에 없는 것이 거미는 3만 종에 이를 정도로 종과 수가 많고, 모기 같은 곤충을 잡아먹어 지구가 곤충으로 뒤덮이는 것을 막아준다. 크기와 외모가 다양하고 남극을 제외한 거의 모든 지역에 살고 있을 만큼 적응력도 뛰어나다. 인디언들은 동물학에 대해서는 전혀 아는 바가 없었으나, 거미가 사라지면 인간도 살 수 없다는 단순하면서도 중요한 진리는 알고 있었다.

그런데 부르주아가 거미 모양의 거대한 조형물을 만들고, 거기에 '엄마'라는 뜻의 〈마망〉을 제목으로 붙인 것은 이유가 좀 다르다. 거미는 새끼를 잘 보살피는 것으로 유명하다. 특히 잘 알려진 것은 늑대거미로, 이들은 알을 거미줄로 만든 주머니에 넣어 배에 매달고 다니다가, 새끼가 알을 까고 나오면 등에 태우고 다닌다. 이때 어미 늑대거미를 보면 덩치가 두 배 이상 커 보이고 등에는 반짝이는 보석을 붙인 것처럼 보인다. 등에 타고 있는 새끼들의 눈이 반짝이기 때문이다.

부르주아는 바로 이 거미에게 꽂혔다. 새끼들이 스스로 먹고살 수 있을 때까지 책임감 있게 돌보는 어미 늑대거미에게서 모성을 읽은 부르주아는, 어머니를 투사해 거대한 거미를 만들기로 마음먹었다. 게다가 우연히도 부르주아의 어머니는 베 짜는 사람으로, 언제나 부르주아의 든든한 지원군이었다. 그리하여 부르주아는 어머니에 대한 신뢰와 거미의 생태적인 삶 사이에서 공통점을 찾아 〈마망〉을 제작한 것이다.

나는 부르주아가 〈마망〉을 거대하게 만든 것이 마음에 든다. 크기는 그 자체로 힘을 가진다. 큰 것은 위압감을 준다. 왠지 함부로 대해선 안 될 것 같은 위엄마저 든다. 아무런 행동을 하지 않아도 스스로를 지킬 수 있다는 느낌이다. 알주머니를 가진 거대한 엄마 거미는 이런 이유로 곧 태어날 새끼들을 안전하게 지킬 수 있었다.

한편, 런던의 테이트모던 미술관에 있는 〈마망〉의 크기는 어른 키보다 살짝 큰 정도다. 그래서인지 그 〈마망〉은 왠지 내가 지켜줘야 할 것 같은 생각이 들었다. 역시 〈마망〉의 매력은 다양한 의미의 거대함에 있는 게 분명하다.

〈마망〉은 단순히 모성애를 상징하는 작품이 아니다. 엄마와 딸, 나아가 여자의 이야기를 하고 있는 작품이다. 〈마망〉은 '거대한 여성'이다.

EARTH

가장 빛나는
행성에서의 시간

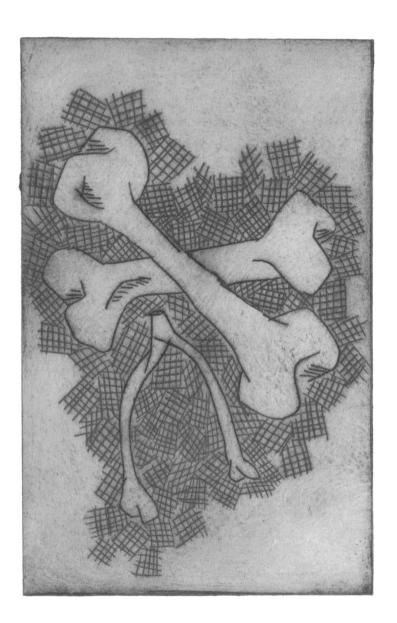

호모 하빌리스와 그의 후예들

킬리만자로와 세렝게티 사이에는 고생물학자들에게는 잘 알려져 있으나 사파리를 즐기러 온 사람들에겐 별 인기가 없는 곳이 있다. 바로 올두바이 협곡이다. 이 협곡은 매우 평범해 보이지만 이곳에서는 유난히 고인류의 화석이 많이 나온다. 200만 년 전에는 이곳이 핫 플레이스였다는 뜻이다.

이곳은 손재주가 아주 좋은 '호모 하빌리스^{Homo Habilis}'가 발견된 곳이기도 하다. 233만 년 전 아프리카에 살았던 호모 하빌리스는 석기를 만들어 썼던 사람으로, 오늘날 인류가 자판을 두드리고 악기를 다루게 된 것은 우리가 호모 하빌리스의 후손이기 때문이다.

이와 같은 사실을 알아낸 것은 고인류학에 인생을 바친 과학자들 덕분이다. 하지만 오로지 뼈만으로 200만 년 전에 살았던 사람의 삶을 얼마나 세세하게 알아낼 수 있을까? 그래서 거꾸로, 현재의 삶을 200만 년 후에는 어떻게 추측할지 생각해보면 어떨까 한다.

200만 년 뒤, 우연히 지구를 찾은 외계인들은 21세기를 살았던 지구인의 삶을 어떻게 이해할까? 우선 200만 년이라는 오랜 세월 동안 사라지지 않고 남아 있는 것이 무엇일지 생각해봐야 한다.

우리가 정성 들여 쓴 다이어리와 그림은 다 사라진다. 컴퓨터로 남긴 기록도 남지 않는다. 돌에 새긴 정보는 수천 년은 갈지 모르나 수백만 년은 버틸 수 없다. 온갖 비바람으로 풍화와 침식작용을 받아 사라질 것이 확실하기 때문이다. 하지만 만에 하나 지진이나 산사태가 일어나 땅속에 묻히면 운 좋게 남아 있을 수도 있다.

그렇다. 그 긴 세월 동안 지워지지 않고 남을 수 있는 유일한 방법은 땅속에 묻히는 것이다.

공룡과 같은 고생물은 땅속에서 화석이 되어 우리에게 그 모습을 드러냈다. 대개 생물의 사체는 삼각주, 갯벌, 동굴, 습지 등으로 밀려와 고운 모래에 덮인다. 그러면 사체는 산소와의 접촉이 차단되어 썩어 없어지는 대신 아주 천천히 다른 광물로 치환된다. 결국 사체가 돌로 변한다는 뜻인데, 시간이 오래 걸리기 때문에 뼈처럼 단단한 부분이 화석으로 남을 확률이 크다.

200만 년 동안 지구에는 다양한 지각 활동이 있을 테고, 그 결과 묘지가 더욱 깊은 땅속으로 들어가 그중 몇몇은 화석으로 남을 수도 있다. 미래의 고고학자들은 세계 전역에 있는 인간의 화석을 발견하고, 21세기에는 남극을 제외한 거의 모든 곳에 인간이 거주했다는 사실을 알아낼 것이다. 그리고 한 마리씩 매장된 개나 고양이의 화석을 발견하고는 추리를 통해 이 동물들이 인간의 친구였다는 것도 밝혀낼 것이다. 또는 인간이 이 반려동물을 신으로 생각하거나 섬겼다는 결론을 내릴 수도 있는데, 어떤 결론을 내리든 외계인들의 추측에 맡기는 수밖에 없겠다.

가장 흥미로운 부분은 닭, 소, 돼지의 화석이 대규모로 발견되리라는 점이다. 현재 지구에 사는 생물을 무게로 친다면, 인간 전체의 무게보다 가축의 무게가 두 배나 더 나간다.

가축은 인간이 단백질을 얻을 목적으로 무겁고 튼튼하게 키웠기 때문에 야생에서 자유롭게 살던 닭, 소, 돼지보다 뼈가 훨씬 굵다. 아마도 미래의 고고학자들은 화석으로 남은 뼈를 보고 가축과 야생동물을 구분할 수 있을 것이다.

가축의 사체는 물에 떠내려가 강 하구나 삼각주에 쌓이는 것이 아니라 사람들이 정해놓은 곳에 땅을 파고 묻기 때문에, 미래의 과학자들은 뼈 화석이 자연스럽게 쌓여야 할 곳이 아닌 엉뚱한 곳에 모여 있다는 점을 매우 흥미롭게 생각할 것이다. 그리고 그로부터 무더기로 발견된 닭과 소와 돼지의 뼈가 야생동물이 아니라 가축이었다는 점을 추리해낼 수 있을 것이다.

현대 문명은 강이나 지하수가 자연스럽게 흐르는 것을 방해하는 각종 구조물, 예를 들면 댐이나 수로를 만들어 물의 흐름을 완전히 바꾸어 놓았기 때문에 생물의 화석은 매번 엉뚱한 곳에서 발견될 것이다. 따라서 외계인들은 생물의 화석만 보고 자연환경을 유추하기가 대단히 힘들 것이다. 한마디로 모든 것이 자연스럽지 않다.

그들이 추측해내는 과정을 모두 알 수는 없지만 외계인들이 우리의 생활상을 분석한 뒤 내릴 결론은 대강 짐작할 수 있다. 그들은 지구의 21세기 문명에 대해 이렇게 평가할 것이다.

"자연과 어울려 사는 법을 잘 몰랐던 지구인들!"

2

애리조나의 식물원

'이곳'에서 피자가 먹고 싶다면 흙을 잘 고르고 고랑을 낸 뒤 밀알을 뿌리고 수확할 때까지 기다려야 한다. 물론 그사이 물도 주고 김도 매주고 토마토와 양파도 수확해야 한다. 하지만 이런 일은 다음에 해야 할 일에 비하면 정말 쉬운 축에 속한다. 그 일이란 바로 치즈를 만드는 것이다.

치즈를 만들려면 젖을 얻을 수 있는 유일한 동물인 암컷 염소가 새끼를 배고 있어야 한다. 그러려면 암수 염소가 어떻게 해서든 사랑에 빠져야 하는데, 사람이든 염소든 사랑을 조작하기는 쉽지 않다. 이 모든 일이 계획한 대로 순조롭게만 풀린다면 밀알을 뿌린 뒤 3개월 뒤에 맛있는 피자를 먹을 수 있다.

피자 한 조각 먹는 데 뭐가 이렇게 복잡할까? 여기는 도대체 어디일까?

'이곳'은 미국 애리조나주 투손에 있는 2,500평 규모의 거대한 온실로, 지구상에서 가장 큰 폐쇄 환경 구조물이다. 거대한 유리를 씌워서 외부 환경을 완벽하게 차단시킨 것은 물론이고, 그 안에는 열대우림, 산호초가 있는 바다, 맹그로브 습지, 사바나, 사막, 농지와 사람이 살 수 있는 집, 사무실 등이 있다. 이곳의 이름은 '바이오스피어 2$^{biosphere 2}$'다. 애초에 사람이 살 수 있도록 지었으나 지금은 아무도 살지 않는다.

1991년 9월 26일부터 1993년 9월 26일까지 정확히 2년 하고도 20분 동안 여덟 명의 남녀가 외부 세상과 완전히 단절된 채 이곳에서 살았다. 이들은 이 안에서 농사를 짓고 가축을 돌보며 자급자족을 꾀했는데, 2년 동안 제대로 먹지 못해 모두 저체중이 되고 사람들 사이에 파벌이 생겨 사이가 좋지 않게 된 몇 가지 사소한 문제만 제외하면, 아주 훌륭하게 온실 속에서 살다가 멀쩡하게 살아 나왔다.

원래 이 실험은 이후에도 실험자들을 바꾸어가며 지속될 계획이었으나 후속 실험은 이루어지지 않았다. 그럼에도 불구하고 이 실험은 미래의 인류가 달이나 화성에서 살게 된다면 도움이 될 만한 값진 경험을 남겼다. 이 실험에서 가장 위험했던 순간은 산소가 급격하게 줄어들어 실험자들이 질식사 위기에 이르렀을 때다. 산소는 왜 줄어들었을까? 결론부터 말하자면 콘크리트 구조물 때문이다.

바이오스피어 2 안에는 콘크리트로 만든 작은 동산이 하나 있는데, 이 인공물이 이산화탄소를 마구 흡수했다. 이산화탄소가 줄어드니 식물이 광합성을 제대로 할 수가 없었다. 광합성이란 식물이 이산화탄소와 물을 흡수해서 당, 물, 산소를 내놓는 것인데, 식물이 광합성을 못하니 자연스레 농사 수확량이 확 줄었다. 무엇보다 큰 문제는 열대우림에서 식물들이 내놓는 산소의 양이 현격하게 줄어들었다는 점이다. 작은 콘크리트 언덕 하나 때문에 고작 여덟 명뿐인 인간이 질식사할 뻔한 것이다.

구체적인 사항은 다를지라도 생태계가 교란되는 이와 같은 일은 바이오스피어 1, 곧 지구에서도 일어나고 있다. 인간이 발명한 플라스틱은 바다 생물의 생명을 위협하고 대기 중에 있는 각종 오염 물질은 비에 섞여 산성비가 되어 바다와 육지를 공격한다. 이런 물질들은 덩치가 큰 생물은 물론이고 크기가 작은 식물성플랑크톤에게도 치명적이다.

바다를 떠다니는 식물성플랑크톤은 크기는 작아도 수가

워낙 많아 광합성을 통해 엄청난 양의 산소를 배출한다. 과학자들이 추정한 바에 따르면 이들이 생산하는 산소는 육지의 열대우림에서 식물들이 내뿜는 산소의 양과 맞먹는다고 한다. 그러니 이 식물성플랑크톤의 수가 줄어들어 산소 배출량이 감소하면 지구 대기의 산소량이 줄어드는 것은 너무나 당연하다. 지금도 아마존과 동남아시아의 열대우림은 마구 베어져 지구의 허파 기능을 상실하기 일보 직전이다.

지난 100년간 인간이 자연에 저지른 실수는 인간 역사상 유래가 없는 일이라 아무도 미래를 예측할 수가 없다.

인간은 화석연료를 마구 태워 수억 년 동안 땅속에 잠들어 있던 탄소를 깨웠다. 고생대에 바다와 육지에 살았던 생물은 바다 밑과 땅속에 매몰되어 화석이 되었는데, 그것이 바로 석유와 석탄과 같은 화석연료다. 석유와 석탄의 주성분은 탄소이고, 연료를 태우면 탄소가 공기 중에 있는 산소와 만나 이산화탄소가 된다. 이산화탄소는 열을 흡수하는 능력이 뛰어나 온실가스로도 불리는데, 만약 지구 대기에 이산화탄소가 없다면 지구의 기온은 지금보다 훨씬 낮을 것이다. 하지만 이산화탄소가 너무 갑작스레 많아지면 곤란하다. 지구의 기온이 급격히 오르면 생물은 빠른 온도 변화에 적응할 수 없다. 불행하게도 현재 상황이 딱 그렇다. 그 결과 수많은 생물이 멸종 단계에 접어들었는데, 식물도 예외는 아니다.

지구의 축소판인 바이오스피어 2 설계자들은 그 안에서 생길 수 있는 모든 문제를 예측하고 해결하려 애썼음에도, 미처 생각지 못한 일이 터져 하마터면 사람들이 목숨을 잃을 뻔했다.

그래도 바이오스피어 2에서는 산소가 부족하면 외부에서 넣어줄 수 있었다. 하지만 바이오스피어 1에 산소가 부족하면 누가 채워줄까?

3

나이아가라 폭포와 가뭄

북아메리카 중부에서 살짝 동쪽에 위치한 다섯 개의 거대한 호수 가운데 이리호와 온타리오호 사이에는 두 호수를 이어주는 강이 하나 있는데, 강 중간쯤에는 강바닥이 끊겨 50미터 정도 높이 차가 나는 곳이 있다. 이리호를 출발해 잘 흐르던 강물은 느닷없이 나타난 절벽 때문에 아래로 대책 없이 떨어질 수밖에 없다. 이것이 나이아가라 폭포다.

폭포의 폭은 무려 671미터로, 떨어지는 물의 양이 어마어마하기에 폭포가 시야에 들어오기도 전부터 아주 커다란 소리가 들린다. 나이아가라는 이 지역에 살던 원주민들이 붙인 '천둥소리를 내는 물기둥'이라는 뜻으로, 그 근처에 가본 사람이라면 왜 이런 이름이 붙을 수밖에 없는지 쉽게 이해할 수 있다.

이 폭포를 하늘에서 보면 가운데 부분이 상류로 쑥 들어가서 U자 모양을 이루는데, 인디언들은 이것을 편자 같다고 생각했다. 그래서 이 부분을 '말발굽 폭포horse shoe fall'라고 하며 불멸의 상징이라고도 부른다. 인간의 입장에선 불멸로 보일 수도 있겠으나 이 폭포도 언젠가는 사라진다.

폭포의 낙차를 이용해 전기를 생산하던 사람들은 어마어마한 양의 물이 강바닥과 절벽을 침식함에 따라 폭포가 1년에 1미터씩 이리호 쪽으로 물러나고 있다는 사실을 잘 알고 있었다. 이 속도로 폭포의 위치가 달라지면 당장 그 주변에 있는 수력발전소의 위치부터 바꾸어야 할지도 모른다. 게다가 침식 속도를 늦추지 못하면 캐나다 토론토와 미국 뉴욕주의 전기 공급에 차질이 생길 수도 있다.

궁여지책 끝에 전문가들은 관광객이 몰려드는 낮에는 폭포를 그대로 두고, 저녁에는 강 상류에서 물을 막아 유량을 줄여나가기로 했다. 그 결과 폭포가 이리호 쪽으로 물러나는 속도를 상당히 늦추었고, 폭포가 사라져서 전기를 못 쓰는 일도 당분간 면하게 되었다.

그렇다면 대륙의 한가운데 폭포가 생긴 이유는 뭘까? 그 이유를 알려면 2만 년 전으로 거슬러 올라가야 한다.

2만 년 전 지구는 빙하기여서 북아메리카는 뉴욕까지 빙하로 덮어 있었고 토론토 역시 3킬로미터나 되는 빙하 밑에 있었다. 그러다가 지구의 기온이 오르자 빙하가 서서히 녹아 물이 되어 흘러 지하수가 되고 강이 되고 바다로도 흘러갔다. 이 과정에서 빙하가 수천 년 동안 끌고 내려온 돌덩어리들이 계곡 하구에 산을 이루며 쌓였다. 이것을 빙퇴석이라고 하는데, 그 규모가 엄청나 물길을 막는 자연 댐 구실을 했다. 그 결과 빙하가 녹은 물이 바다로 가지 못하고 육지에 머물러 호수가 생겼는데, 그것이 바로 북아메리카 대륙에 있는 오대호다.

슈피리어호, 온타리오호, 이리호, 미시간호, 휴런호를 일컫는 오대호는, 호수라고는 하나 호수 하나의 표면적이 우리나라와 맞먹을 정도로 어마어마한 넓이라 물을 찍어 맛보기 전에는 여기가 호수인지 바다인지 판단이 쉽지 않다. 그렇다고 일부러 물을 마셔볼 필요는 없다.

배를 타고 폭포 바로 아래로 가면 고막이 찢어질 것 같은 소리와 물세례로 정신이 없다. 천둥소리를 내며 떨어지는 나이아가라 폭포와 바다처럼 드넓은 온타리오호와 이리호를 보고 있으면 대체 왜 물을 아껴 쓰라고 하는지 이해가 안 된다.

"우아, 물이 이렇게 많은데, 왜 물 부족이라는 거야!"

물 부족 국가나 물 부족 지역이 있다는 것도 믿을 수 없다. 그래서 오히려 가뭄이 무엇인지 생각해보게 된다.

가뭄이 뭐냐고 물으면 비가 오지 않는 것이라고들 대답한다. 그런데 가뭄은 그렇게 간단하게 대답할 수 있는 현상이 아니다. 가뭄은 기상학적 가뭄, 농업적 가뭄, 수문학적 가뭄, 사회적 가뭄의 단계로 심화된다. 예년보다 비가 덜 온다는 사실을 느낌이 아닌 관측으로 확실하게 나타나는 것을 기상학적 가뭄이라 한다. 사실 기상학적 가뭄이 나타나도 농사에는 큰 지장이 없다. 지하수를 퍼서 쓰면 되기 때문이다.

하지만 비가 계속 오지 않으면 지하수로도 오래 버티지 못해 수면이 내려가고 결국 흉년이 드는데, 이를 농업적 가뭄이라고 한다. 농작물의 양이 줄어 채소나 곡식의 값이 오를 때쯤 되면 댐에 저장했던 물이 줄어들기 시작한다. 수문학적 가뭄이 시작된 것이다.

비가 오지 않아 수위가 정상으로 돌아오지 않으면 방류하는 물의 양이 줄어 전기 생산량이 줄어든다. 그러면 수력발전보다 원가가 많이 드는 화력이나 원자력발전 방식으로 전기를 만들어야 하고, 그 부담은 고스란히 사용자들에게 돌아간다. 수도세도 오르고 식비도 더 많이 든다. 이 단계를 사회적 가뭄이라고 한다. 사람들은 기상학적·농업적·수문학적 가뭄일 때는 가뭄이 왔다는 것을 체감하지 못하다가 사회적 가뭄이 와서야 비로소 물이 부족하다는 것을 실감한다.

사회적 가뭄이 와도 모든 사람이 불편을 느끼는 건 아니다. 가난한 사람들이 가장 먼저 불편함을 느낀다. 수도세, 전기세, 식비 같은 살아가는 데 꼭 필요한 곳에 지출이 늘어나면 가난한 사람들은 기본적인 생활이 어려워진다. 그래서 국가는 사회적 가뭄에 이르기 전에 피해를 완화하기 위해 다양한 노력을 하는 것이다. 물론 제대로 된 국가라면 말이다.

우리나라를 비롯해 전 세계, 나아가 지구는 물 부족 상태다. 곳곳에 사회적 가뭄이 진행 중이다. 그럼에도 불구하고 지금 이 순간 '나는 괜찮은데'라는 생각을 갖고 있다면 당신은 적어도 절대 빈곤층은 아니다.

그렇다면 안심해도 좋을까? 아니다. 영원히 괜찮은 사람은 없다. 기후변화로 지구온난화가 가속되고 생물에게 필요한 담수가 줄어들면 지구상의 모든 생물이 피해를 입게 된다. 물을 아끼고 이산화탄소 배출을 줄이는 노력을 다 같이 하지 않으면 아무리 돈이 많아도 살아남지 못한다. 그러니 기회가 있을 때 물을 아끼는 것이 옳다!

다시 천둥소리를 내며 떨어지는 물 때문에 마구 흔들리는 배에 서서 폭포를 바라본다. 물이 마구 쏟아져 우비를 입어도 소용이 없다. 이미 신발은 다 젖었다.

이성적으론 물 부족과 가뭄에 대해 알고 있지만 무시무시한 소리를 내며 어마어마한 양의 물을 쏟아내는 폭포 아래 있으면, 이성과 감성이 부딪히는 신기한 경험을 할 수 있다. 그리고 절로 중얼거리게 된다.

'이렇게 물이 많은데…'

나이아가라 폭포와 가뭄

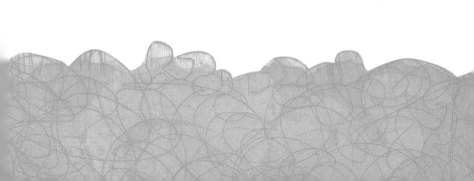

4

페루의 구아노

친차 군도는 페루의 해안 도시 피스코에서 30킬로미터쯤 떨어진 태평양에 있다. 아마도 이곳의 섬들은 인간보다 가마우지나 펠리컨 같은 새들에게 더욱더 잘 알려져 있음이 분명하다. 그게 아니고서야 매년 친차 섬에 와서 알을 낳을 리가 없지 않은가!

새들은 여름이면 이곳에 와서 어마어마한 양의 똥을 싼다. 그러다 날이 추워져 새들이 따뜻한 곳으로 날아가면 그 똥은 마르고 딱딱하게 굳어서 섬을 한 겹 쌓아올린다. 이와 같은 일은 수천 년에 걸쳐 반복되었는데, 그 결과 친차 군도는 새똥으로 수백 미터나 코팅이 된 유래 없는 섬이 되었다.

한편 새똥은 질소와 인이 풍부한 훌륭한 영양제이기도 하다. 그 때문에 굳은 똥이 인근 해안으로 녹아내리면 그곳으로 많은 물고기들이 모여들었다. 잉카인들은 섬 근처에 항상 물고기가 많다는 점을 눈여겨보았고, 그 이유가 새똥으로 이루어진 섬에서 흘러 내려온 새똥 때문이라는 사실을 알고 있었다. 그 덕분에 그들은 크게 힘들이지 않고 물고기를 잡을 수 있었다.

혹시나 하고 굳은 새똥을 퍼다 밭에 뿌려보니 역시나 농작물 수확량이 크게 늘었다. 굳은 새똥이 천연 비료임을 알아챈 잉카인들은 이것을 와누^{wanu}라고 불렀는데, 이는 케추아어로 '거름으로 쓰이는 똥'이라는 뜻이다. 이 말을 스페인 사람들이 '아노'라고 발음하면서 훗날 '구아노'라고 불리게 되었다.

질소와 인은 단백질의 주요 구성 성분으로, 생물이 유전자를 만들고 유지하고 보수하는 데 반드시 필요하다. 우리가 들이마시는 공기 가운데 5분의 4가 질소라는 점을 생각하면, 생물은 가장 흔한 원소로 가장 중요한 것을 만드는 일을 하는 셈이다.

그런데 아주 사소한 문제가 하나 있다. 동물은 공기 중에 있는 질소를 호흡만으로는 사용하지 못한다. 누군가 소화 흡수되기 좋게끔 질소를 가공해주어야 그것을 먹고 질소를 몸속에서 이용할 수 있다. 그럼 누가 그 일을 해줄 수 있을까?

대기 중에 있는 질소를 땅이나 생체에 저장하는 일을 '질소고정'이라고 하는데, 이 일은 오직 식물만이 할 수 있다. 특히 콩과 식물이 아주 잘하는 것으로 알려져 있다. 콩을 일컬어 '밭에서 나는 단백질'이라고 하는 것도 질소가 단백질의 주요 구성 성분 중 하나이기 때문이다.

친차 군도의 구아노에는 광범위한 먹이그물을 통해 새들의 몸속으로 들어온 질소가 포함되어 있다. 물론 먹이그물의 기반은 식물이다. 식물은 동물이 없어도 살 수 있지만 동물은 식물 없이는 살 수 없다. 과학자들은 이와 같은 사실을 바탕으로 식물을 독립영양생물, 동물을 종속영양생물이라고도 부른다.

잉카인들은 현대적 생태 지식이나 화학적 반응, 유전자의 구성 성분에 대해서는 모르지만 구아노가 중요하다는 사실은 잘 알고 있었다. 그래서 구아노 생산의 일등 공신인 새들을 괴롭히는 사람을 엄벌에 처했고, 허가받은 사람만이 구아노를 채취할 수 있었으며, 꼭 필요한 만큼만 가져다 썼다.

이러한 질서가 깨진 것은 이곳에 스페인 침략자들이 오고부터였다. 오로지 금과 은에만 관심이 있었던 침략자들은 구아노가 지니고 있는 생태학적 가치에 대해선 눈곱만큼도 관심이 없었다. 그들은 구아노를 마구 퍼갔다.

혼돈의 17, 18세기가 지나고 1840년경. 가난한 페루 정부는 국가 경제를 살리기 위해 900만 톤의 구아노를 유럽에 팔아 국가 경제의 80%에 이르는 큰돈을 벌어들였다. 그럼 페루는 부자가 되었을까? 아니다. 페루 정부는 구아노를 팔아 번 돈으로 빚을 갚느라 경제 발전을 위해 투자할 여력이 없었다. 가난한 사람이 아무리 돈을 벌어도 늘 돈이 부족한 것과 같은 상황이었다.

엎친 데 덮친 격으로 태평양 해안가를 따라 분포한 구아노를 두고 분쟁이 벌어져 '태평양전쟁'까지 일어났다. 그 과정에서 친차 섬에 서식하던 죄 없는 새들이 거의 다 죽고, 물고기도 어디론가 사라져버렸다. 구아노를 중심으로 한 생태계가 망가져버린 것이다. 반면 유럽에서는 유래 없는 풍작이 이어져 인구가 늘고 생산성도 늘었다. 그 이유가 남미에서 퍼간 구아노 덕분임은 두말할 나위가 없다. 결국 유럽에만 좋은 일을 해준 셈이다.

사람들은 그제야 깨닫기 시작했다. 그 어떤 것도 새들이 수천 년에 걸쳐 산호섬에 싼 똥을 대신할 수 없다는 지극히 간단한 사실을 말이다. 그래서 오늘날 친차 섬에는 국가가 공인한 관리인만 발을 디딜 수 있고, 어느 누구도 들어갈 수 없다. 그 덕분에 지금은 새의 개체 수가 늘고 새들은 예전처럼 평화롭게 똥을 쌀 수 있게 되었다. 구아노 표면에는 어디서 날아왔는지 모를 홀씨들이 자리를 잡았다. 바다로 흘러든 구아노는 물고기를 불러들였다. 그리고 자연이 살아났다.

자연은 내버려두면 자신의 길을 찾아가게 마련이다. 인간도 그렇지 않은가. 인간 또한 자연의 일부이므로.

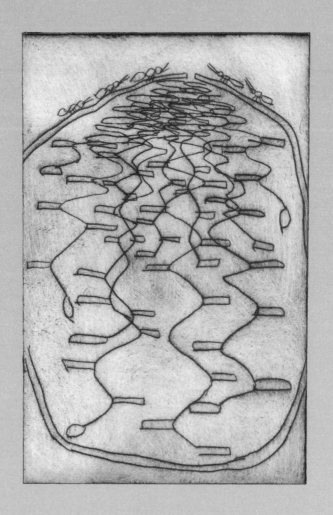

홍콩의 아파트

내가 상상해오던 홍콩은 〈중경삼림〉, 〈영웅본색〉 같은 홍콩 영화에서 본 모습과 크게 다르지 않았다. 외계어 같은 중국어가 배경음악처럼 들리고, 시장과 골목은 언제나 사람들로 북적이며, 계획성이라곤 눈곱만큼도 없어 보이는 오래된 도시 말이다.

하지만 실제로 가보니 해안가에는 고급스런 고층빌딩이 마천루를 이루고 있었고, 그 뒤로 보이는 산에는 손톱 하나 들어갈 틈도 없이 고층 아파트가 빼곡히 들어서 있었다. 언뜻 보면 질서가 없어 보이는 이 건물들은 하나같이 건축 기술과 자본을 댈 능력이 없으면 지을 수 없는 것이었다. 내가 그동안 홍콩에 대해 생각했던 것과는 너무도 다른 모습이었다.

나는 호텔 대신 시장 한가운데 있는 아파트에 묵었다. 아파트는 20층이었고 한 층에 딱 두 세대만 있었는데, 아파트의 구조가 우리나라와 많이 달랐다. 모든 방과 거실에 커다란 창이 있어서 열어 놓기만 하면 바람이 잘 통했고, 부엌은 요리는 커녕 포장해온 음식을 풀기에도 벅찰 만큼 좁았다. 왜 이런 구조의 집을 지었을까?

홍콩은 위도 22도, 해안에 있는 도시다. 기온으로 치자면 아열대기후에 가깝고, 우리나라처럼 장마가 오는 몬순기후에 속한 도시이기도 하다. 게다가 땅은 좁고 인구는 많으며 전기와 같은 자원은 유한하다. 그래서 아파트의 모든 공간이 맞바람을 받을 수 있도록 배치하고 창을 크게 내야 했다. 공기가 순환해야 습기를 줄이고 더위도 피할 수 있기 때문이다. 창을 크게 내는 것은 이 지역에 겨울이 없어서 가능한 일이지만, 이런 구조 덕분에 홍콩의 아파트에는 에어컨이 거의 없다.

열대지방이라 해도 설계만 잘하면 에어컨 없이도 연중 25도를 유지하는 건물을 지을 수 있다. 농담하지 말라고? 정말이다. 아프리카 짐바브웨에는 에어컨이 없어도 일 년 내내 25도를 유지하는 에너지 절약 건축물이 진짜로 있다. 이건 모두 사막에 사는 개미로부터 영감을 얻은 짐바브웨의 건축가 마이크 피어스Mick Pierce의 노력 덕분이다. 아프리카에 에어컨 없이도 시원하게 지낼 수 있는 건물이 있다는 것도 신기한데, 그 아이디어를 개미에게서 얻었다니 뭔가 충격적이다.

그가 개미로부터 얻었다는 지혜는 이렇다. 사막에 사는 개미들은 높이가 3미터에 이르는 거대한 고깔 모양의 개미탑을 짓는다. 개미탑 내부에는 복잡한 미로가 있고 외벽은 이중벽이며 위에는 작은 구멍들이 뚫려 있다. 미로에서 생겨난 열은 이중벽 사이의 공간을 통해 탑 위로 올라가 빠져나가는데, 그 덕분에 미로 안에는 아래로부터 찬 공기가 올라오고 공기가 계속 흘러 시원한 바람마저 분다.

짐바브웨의 이스트게이트 센터는 바로 이런 구조로 지어진 건물이다. 건물은 네모 모양이지만 천장에 구멍을 뚫어 더운 공기가 위로 빠져나가게 만들었다. 그리고 땅에 파이프를 묻어 그곳을 통과한 시원한 공기가 건물 안에 흐르도록 했다. 이런 원리로 에어컨 없이도 건물 내부가 시원한 것이다.

아무런 기기장치 없이 오로지 공기 유체역학의 원리만으로 열대기후 조건에서 25도를 유지할 수 있게 한 흰개미와,

더운 공기를 식히기 위해 화석연료를 태워 만든 전기와 오존층을 파괴하는 냉매를 써서 만든 에어컨을 개발한 인간을 비교하면, 누가 봐도 인간의 1패가 분명하다.

다시 홍콩의 아파트로 돌아와서, 이곳 부엌이 작은 이유는 정말로 사람들이 집에서 요리를 잘 하지 않기 때문이다. 이들은 더운 날씨에 굳이 불을 써가며 요리하는 것을 좋아하지 않는다. 그래서 아침이면 파자마 바람으로 온 가족이 식당에 가는 광경을 심심치 않게 볼 수 있고, 점심과 저녁도 주로 사 먹는다. 이와 같은 생활 방식은 식재료의 양을 아끼는 것은 물론 식재료를 저장하고 조리하는 데 사용하는 에너지를 크게 줄일 수 있다. 말하자면 식당이 일종의 공동 저장고 역할을 하는 셈이다.

과학자들에 따르면 기후변화에 대처해 지금 당장 우리가 할 수 있는 일 가운데 가장 효율적인 일은 에어컨이나 냉장고에 쓰이는 냉매를 공기 중으로 날려버리지 않고 다시 잘 모으는 일이라고 한다. 냉매가 엄청나게 효과 좋은 온실가스라서 그렇단다. 그런데 냉매를 수집하는 일이 쉽지 않다. 그러니까 사람들이 당장 실천해야 한다고 말하는 게 아니겠는가? 너무 당연한 말이지만, 냉매 처리를 걱정하지 않아도 되는 가장 손쉽고도 확실한 방법이 있다. 처음부터 아예 쓰지 않는 것이다.

나는 홍콩에서 돌아와 창과 냉장고와 기후변화에 대해 생각해보았다. 집에 있는 창은 내가 어떻게 할 수 없다. 하지만 냉장고는 버릴 수 있다. 그래서 버렸다. 나는 2018년 3월 8일부터 지금까지 냉장고 없이 잘 살고 있다.

홍콩 시민처럼 에너지 집중형으로 살며 밥하는 일에서 해방되고 싶은가? 그럼, 냉장고를 버리는 것이 답이다!

CHAPTER 5   **GEOLOGY**

흔들림과 떨림,
기다림 사이에서

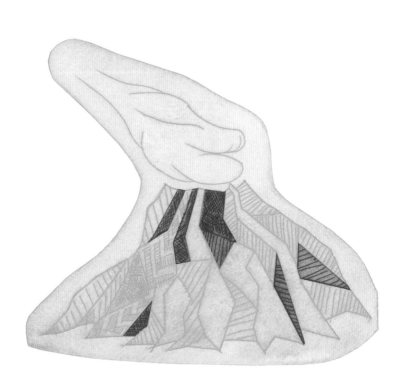

킬라우에아와 열점

하와이는 섬 하나가 아니라 100여 개의 화산섬이 한 줄로 늘어선 제도로, 남쪽 끝에 있는 가장 큰 섬의 이름이 이곳 원주민 말로 '고향'이라는 뜻의 '하와이'다.

오늘날 섬 전체를 하와이라 하고 하와이 섬을 빅 아일랜드라고 부르는 이유는, 미국이 하와이를 식민지로 삼다가 50번째 주로 만든 것과 무관하지 않다. 혹시라도 '미국인들이 낙원에 비유할 수 있는 하와이의 자연에 넋이 나가 자기들 땅으로 만들었다'고 생각하는 순진한 사람들이 있을지 몰라 설명을 덧붙이자면, 사실상 그런 이유보다 군사적인 목적이 더 컸다는 게 정확하다. '저 섬들을 우리 땅으로 만들면 태평양도 우리 바다!' 뭐, 이런 속셈이었던 것이다.

강대국이 결심하고 달려들자 결국 섬들은 미국 땅이 되고 말았다. 하와이 문화의 정체성에 대해선 눈곱만큼도 관심이 없는 미국인들은 남쪽의 가장 큰 섬을 대충 '빅 아일랜드'

라고 고쳐 불렀는데, 이것은 마치 이렇게 말하는 것과 같다.

"너는 머리가 크니까 그냥 '대두'라고 부르겠다."

빅 아일랜드는 북쪽에서부터 마우나케아산, 마우나로아산, 킬라우에아산, 이렇게 세 개의 커다란 화산으로 이루어져 있다. 가장 북쪽에 있는 마우나케아산은 활동을 멈춘 사화산이고, 중간에 있는 마우나로아산은 죽은 것 같지만 안심할 수 없는 휴화산이다. 가장 남쪽에 있는 킬라우에아산은 아직도 불을 뿜는 활화산이다. 흥미로운 사실은 남쪽 바다 아래에 '로이히Loihi'라는 어린 해저화산이 하루가 다르게 자라고 있는데, 5만 년 후에는 물 위로 머리를 불쑥 내밀게 될 거라는 점이다.

이 모든 사실을 종합해보면, 하와이의 섬은 모두 화산섬이고 북쪽에 있는 것일수록 오래된 섬이라는 걸 알 수 있다. 와이키키 해변으로 유명한 오아후섬은 빅 아일랜드보다 북쪽에 있으므로 당연히 빅 아일랜드에 있는 어떤 화산보다도 나이가 많다.

섬들에게 나이가 있다니, 이런 규칙성은 왜 생기는 것일까? 결론부터 말하자면 땅, 곧 지각이 움직이기 때문이다.

　지구 내부는 수천 도에 이르는 불덩어리로 이루어져 있고, 우리는 이 불덩어리를 둘러싼 얇은 땅 껍데기 위에서 살아가고 있다. 과학자들은 이 껍데기를 지각이라고 부르는데, 지각의 평균 두께는 5킬로미터로 지구의 반지름이 6,400킬로미터인 점을 생각하면 1,500분의 1에 해당하는 아주 얇은 판인 셈이다. 지구를 둘러싼 얇은 판은 몇 개의 조각으로 나뉘어 2,000~3,000도에 이르는 뜨거운 맨틀 위에 얹어진 채 맨틀이 움직이는 방향에 따라 서서히 움직인다. 이를 '판구조론'이라 한다.

　맨틀은 용암의 전신인 마그마의 고향이기도 하다. 빅 아일랜드 바로 밑에는 마그마가 고여 있는 '마그마 굄'이 있다. 이를 핫 스팟, 곧 열점이라고도 부르는데, 언제부터 이곳에 열점이 있었는지는 아무도 모른다. 태평양 밑바닥에 있는 '태평양판'은 북쪽으로 서서히 이동한다. 하지만 열점은 꼼짝 않고 그 자리에서 마그마를 위로 뿜어낸다.

　육지에 있는 지각에서라면 마그마가 지각을 뚫고 나오면서 수증기와 가스를 토해낸 뒤 용암이 되어 흘렀을 것이다. 하지만 태평양판에서는 이야기가 좀 다르다. 용암이 처음으로 만나는 것은 차가운 바닷물! 용암은 나오자마자 바닷물과 만나 순식간에 굳어버리고, 그다음으로 올라온 용암이 차례로 식어 그 위에 올라앉게 된다. 먼저 나온 용암은 디딤돌이 되고 나중에 나온 용암은 그것을 딛고 위로 위로 계속 올라간다.

바닷속에 용암이 충분히 쌓이면 어느 날 수면 위로 용암이 솟구친다. 드디어 섬 하나가 생기는 것이다. 이제 용암은 물이 아닌 공기와 만나고, 비로소 인간들은 불을 뿜는 화산을 보게 된다.

이런 드라마가 펼쳐지는 순간에도 화산을 얹은 태평양판은 서서히 북쪽으로 움직이고, 자연스레 화산은 열점에서 멀어진다. 그러다 열점에서 너무 멀어지게 되면 더 이상 마그마를 공급받지 못하는 순간이 온다. 화산이 꺼질 때가 된 것이다. 화산은 몇 번 쿨럭이다 다시는 불을 뿜을 수 없는 사화산이 되고 만다.

하지만 화산의 진짜 삶은 이제부터다. 화산은 그제야 다른 생명을 품을 수 있게 된다. 새가 날아오고, 새가 눈 똥에 들어 있던 씨앗이 싹을 틔우고, 그 식물을 만나러 곤충이 날아들고, 인간의 손에 이끌려 동물이 몰려온다. 한때 화산은 불을 뿜는 열정적인 삶을 사느라 다른 생명체에 아무런 자리도 내주지 못했지만, 이제 조용히 다른 생물의 터전이 되어가고 있다. 활화산이었을 때는 꿈도 꾸지 못할 일이다.

화산을 떠나보낸 열점은 다시 어린 화산을 만든다. 이 화산 역시 다 자라면 북쪽으로 가겠지만 열점은 묵묵히 새 화산을 만든다. 하와이를 이루는 100개의 섬은 모두 이런 방식으로 생겨났다.

화산의 삶은 인간에게도 많은 이야기를 해준다. 누군가를 보살피던 사람은 그들이 독립해 제 갈 길을 갈 수 있게 해주어야 한다. 누군가에게 보살핌을 받던 사람은 때가 되면 독립해 제 갈 길을 가야 한다. 화산이 그러하듯이 말이다.

2

캘리포니아의 지진

북아메리카 서부에는 남북으로 길게 뻗은 '샌 안드레아스^{San Andreas} 단층'이 1년에 5센티미터씩 동서 방향으로 벌어지고 있다. 아마도 몇 만 년 뒤에는 캘리포니아 반도가 북미 대륙에서 떨어져 나가 거대한 섬이 될 것이다. 이 과정은 조용히 이루어지는 것이 아니다. 지진과 화산 폭발 등 자연재해를 동반할 것이 분명하다. 이 과정을 상상해서 만든 영화가 2015년 개봉한 〈샌 안드레아스〉다.

땅속 깊은 곳에 있는 지층이 무너져 내리거나 끊어지면 땅덩어리가 요동을 치는데, 우리는 이런 현상을 '지진'이라고 부른다. 지진의 원인이 된 땅속 깊숙한 곳을 '진원'이라 하고, 진원 바로 위로 올라와 지표와 만나는 곳을 '진앙'이라 한다. 간혹 지진을 일으키는 원인이 지표에서 생기기도 하는데, 이럴 때는 진원과 진앙이 같다. 지진이 일어날 때 생긴 충격은 진원에서 구 모양으로 퍼져나간다. 이를 '지진파'라고 한다.

사람이 하는 말과 지구의 지진은 공통점이 있다. 둘 다 물질을 진동시켜 에너지를 전달하는 파동의 한 형태라는 점이다. 우리가 말을 할 때 몸에서 아주 복잡한 일이 벌어진다. 허파에서 기도로 공기를 내보낼 때 성대에 있는 근육이 공기의 양을 조절하는데, 이때 공기 분자들이 앞뒤로 일렁이며 사방으로 전진한다. 그러다 가까이 있는 사람의 귀로 들어가 고막을 흔들면 고막 안쪽에 있는 뼈들이 진동을 하고, 뇌가 그 진동을 분석해 상대방이 한 말을 알아들을 수 있다. 이 모든 과정을 종합해 한마디로 정리하면 '소리는 곧 진동'이다.

지진파도 진동이다. 지진은 지구가 말을 하고 있는 것과 같다. 외국어를 알아들으려면 번역을 해야 하듯 지구가 하는 말을 알아들으려면 지진파를 번역해야 한다.

진원지에서 가장 먼저 세상으로 퍼져나가는 지진파는 P파다. P는 Primary의 앞 글자를 딴 것으로, 이 성미 급한 지진파는 땅을 앞뒤로 흔들며 전진한다. 성격은 급해도 꽤 성실해서 앞에 무엇이 있든 피하거나 멈추지 않고 힘이 빠질 때까지 앞으로 나아간다. 암석과 같은 고체, 맨틀이나 호수 같은 액체는 물론이고 땅속에 빈 공간이 있어도 그곳에 공기만 있다면 너끈하게 통과한다. 하지만 의외로 파괴력은 별로라 그다지 큰 피해를 주지는 않는다. 놀거리만 있으면 재빠르게 뛰어나가는 어린아이와 같은 P파는 어디든 가장 먼저 달려가 이렇게 속삭인다.

"지진이 났어요."

P파는 곧 따라올 S파에 대한 경고도 잊지 않는다.

"조심하세요!"

두 번째로 오는 지진파라 하여 Secondary의 앞 글자를 따서 이름 붙인 S파는 집요하고 악착같고 무섭다. 장수들을 앞세우고 천천히 전진하는 장군처럼 힘이 느껴진다. 이 지진파는 땅을 위아래로 크게 흔들면서 전진하기 때문에 속도는 느려도 주변에 있는 땅을 아주 확실하게 뒤집어놓는다. 지진이 일어난 곳에서 집이 부서지고 길이 뒤틀리고 땅이 뒤집어지는 것은 바로 이 S파 때문이다.

파괴의 대명사인 S파는 막강한 힘을 지녔지만 은근히 취약한 구석이 있어 암석은 통과해도 액체를 만나면 더 이상 나아가지 못한다. 그래서 암석으로 이루어진 땅속을 전진하다 액체를 만나면 방향을 틀거나 액체와 고체 사이의 경계를 따라 아슬아슬하게 전진하는데, 그러다가 갈 곳이 없으면 지표면에 도달하지 못하고 사라져버린다.

성질이 다른 두 지진파는 지구의 내부 모습에 대해 많은 것을 말해준다. 두 지진파가 도달하는 시간 차가 얼마나 되느냐에 따라 지구 내부가 어떤 구조로 이루어져 있는지 추측해볼 수 있다. 만약 지진파가 한 종류뿐이었다면 우리는 지구의 속사정에 대해 전혀 알 길이 없었을지도 모른다.

우리가 사는 이 지구에는 하루도 쉬지 않고 지진이 일어나고 있다. 다행히 세계 곳곳에는 엄청나게 많은 지진계가 있으며, 지구가 지진파라는 언어로 이야기하는 것만 잘 받아 적으면 지구의 속 모습을 구체적으로 알 수 있다. 자연에서 벌어지는 모든 일은, 그것이 설령 인간에게 큰 피해를 준다 할지라도 색다른 대화의 방법임을 이해할 필요가 있다.

먹고살기도 바쁜데 지구가 하는 말까지 이해하라니, 너무한 것 아니냐고 되묻는 사람이 있을지도 모르겠다. 걱정마시라. 그런 일은 과학자들이 하기 때문에 우리는 과학자들이 알아낸 사실만 전해 들으면 된다.

그보다 더 중요한 문제는, 같은 언어를 사용하는 우리 인간이 서로를 얼마나 이해하고 있는지다. 우리는 서로 다른 주장을 얼마나 수용하고 있을까?

어쩌면 지구를 이해하기에 인간이 가진 그릇은 너무 작은지도 모르겠다.

3

아프리카의 다이아몬드

아름다운 빛을 내며 희귀하고 비싼 돌을 우리는 보석이라고 부른다. 오래전부터 사람들은 광택이 나는 예쁜 빛깔의 돌에 신비한 힘이 깃들어 있다고 여겼다. 예를 들어 로마인들은 포도주에 토파즈를 넣고 눈을 씻으면 시력이 좋아진다고 믿었고, 인도인들은 토파즈에 악귀를 쫓아내는 탁월한 힘이 있다고 믿었다. 정말일까?

물론 사실이 아니다. 이런 생각은 전혀 과학적이지 않지만, 보석을 가공해서 파는 사람들은 이를 믿는 사람들의 심리를 십분 이용해 달마다 다른 탄생석을 정한 뒤 탄생석마다 미담을 달았다. 탄생석과 미담 역시 전혀 과학적인 연관성이 없지만, 생일을 맞은 사람들은 자신이 태어난 달의 탄생석을 갖고 싶어 한다. 보석상의 승리다.

탄생석 가운데 사람들이 가장 좋아하는 것은 4월의 탄생석인 다이아몬드로, '불멸의 사랑'이라는 의미를 담고 있어

결혼식에도 빠지지 않는 보석이다. 물론 다이아몬드는 광물 중에서도 최고로 단단해 불멸에 가까운 것은 맞다. 하지만 세상에 사라지지 않는 것은 없다. 다이아몬드의 상징성에 기대 사랑을 붙들고 싶은 마음은 이해하지만, 그렇다고 떠날 사랑이 머무는 것은 아니지 않은가.

아무튼 가장 단단한 광물인 다이아몬드의 원석은 화산 아래를 파고 들어가야 구할 수 있는데, 그런 화산이 아프리카에 있다. 남아프리카의 킴벌리 빅홀은 깊이 240미터에 이르는 다이아몬드 광산으로 오직 곡괭이, 삽만 이용해 판 것으로 유명하다.

지질 구조상 구멍을 크게 팔 수 없어서 다이아몬드를 채굴하는 업자들은 예부터 어린아이들을 데려가 노예처럼 부려먹었다. 아이들에게 화산 밑에 들어가라고 하다니, 이런 곳에 인권이 있을 리 없다. 이와 같은 이야기를 영화로 만든 것이 〈블러드 다이아몬드〉다.

다이아몬드 광산은 러시아에도 있다. 미르 광산은 세계에서 가장 큰 광산 중 하나로 거대한 소용돌이 모양으로 난 길을 따라 땅 속으로 들어가야 한다.

그러니까 다이아몬드의 고향은 깊은 땅속이다. 수십 킬로미터 이상 파 내려가야 닿을 수 있는 그곳은 1,000~2,000도에 이를 만큼 매우 뜨겁고, 지표에서부터 1제곱센티미터당 수 톤의 물질이 내리누르는 곳이다. 당연히 빛도 없고 신선한 공기도 없다.

다이아몬드의 재료인 탄소는 고독하고 깊은 땅속에서 무섭게 죄어 오는 압력을 견디며 한 겹의 분자 층을 만든다. 탄소는 손톱 하나 들어갈 틈이 없는 곳에서도 귀신같이 빈틈을 찾아 비집고 들어가 자기 몸 하나 들어앉을 자리를 차지한다. 그러곤 다른 탄소들이 찾아오기를 기다린다. 이와 같은 일은 아주 느리게 이루어지지만 다행히 시간은 충분하다. 느린 것은 아무런 문제가 되지 않는다. 시간만 충분하다면 아무리 느려도 끝을 볼 수 있으니까.

탄소는 좌우로 정렬하고 위아래로 결합해 세력을 넓히면서 아주 단단한 광물이 된다. 눈에 보이지도 않을 정도로 작았던 광물은 주변보다 더욱 단단해져 둘레에 있는 암석을 밀어붙이며 크기를 키운다.

그러나 지구는 얌전한 돌덩어리가 아니다. 속에 찬 열을 내뿜기 위해 화산을 터뜨린다. 다이아몬드는 느닷없이 솟구치는 마그마에 밀려 땅 위쪽까지 올라온다. 언제 빛과 공기를 만날지는 아무도 모른다. 광물에게 그런 시간은 항상 느닷없이 찾아온다.

어떤 광물은 오랜 시간에 걸쳐 크게 자라 바깥세상에 나오는 반면 어떤 것은 성장기를 충분히 가지지 못해 작은 조각인 채로 나오기도 한다. 사람들은 이렇게 나온 광물을 주워서 갈고 닦아 보석을 만드는데, 당연히 큰 원석을 좋아한다. 덩어리가 커야 깎아내도 큰 보석을 손에 넣을 수 있기 때문이다.

분자 층을 한 겹씩 쌓아올릴 시간이 충분히 주어진 광물은 크기가 커서 땅 위에서도 환영을 받는다. 그러나 충분히 자라지 못하고 햇빛을 본 광물은 환대받지 못한다. 다시 고향으로 돌아가기 전에는 더 이상 성장하지 못하지만 마음대로 돌아갈 수도 없다.

인간이 광물에게 신비한 힘이 있다고 믿는 것은 지난한 광물의 성장 과정을 느껴서인지도 모른다. 이런 성장 과정이 광물에게만 의미가 있는 것일까? 찬란한 빛을 내는 최고의 탄생석이 태어나려면 다 자랄 때까지 인내하고 기다려야 한다. 이는 광물에게도 인간에게도 모두 필요한 일이다.

남에게 또 나에게 시간을 주고 기다리자. 4월 최고의 탄생석은 다이아몬드가 아니라 어쩌면 4월에 태어난 모든 사람들일 테니까.

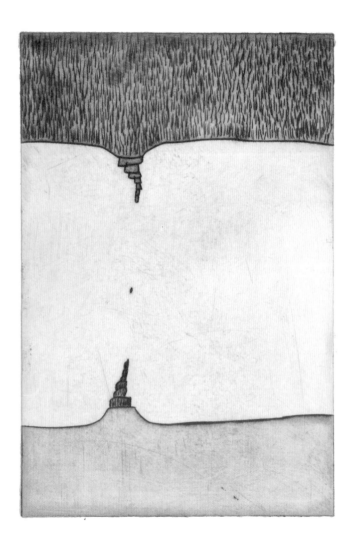

4

포스토이나 동굴의 종유석

　슬로베니아는 서쪽으로는 이탈리아 북부, 북쪽으로는 오스트리아, 동쪽으로는 헝가리와 크로아티아로 둘러싸인 나라다. 발칸반도의 서쪽 끝에 위치한 슬로베니아는 이탈리아와 크로아티아 사이에 아주 짧은 해안선이 있어서 지중해로 바로 나갈 수 있는데, 이도 아니었으면 정말로 육지 가운데 낀 나라가 될 뻔했다.

　우리나라에선 슬로베니아가 그다지 널리 알려져 있지 않지만 전 세계 지질학자들 사이에서는 매우 인기 있는 나라다. 특히 석회동굴 전공자라면 반드시 이 나라에 다녀와야 한다. 석회암 지대에만 생기는 석회동굴이 수백 개에 이르고, 이런 지형을 이르는 전문 용어인 '카르스트 지형'이 이곳 슬로베니아의 크라스 지방에서 유래되었기 때문이다.

　그중에서도 '포스토이나 동굴'은 세계에서 두 번째로 긴 석회동굴로, 길이가 무려 25킬로미터에 달한다. 높이가 3~4

미터인 종유석과 석순은 너무 많아 셀 수도 없고, 10미터가 넘는 거대한 종유석과 커튼처럼 물결치는 모양의 종유석도 어렵지 않게 찾을 수 있다. 머리를 숙이고 지나가야 하는 구간도 있지만 대체로 동공洞空(아무것도 없이 텅 비어 있는 굴)의 높이가 수 미터에서 수십 미터에 달할 정도로 어마어마한 규모이다 보니, 옛날 사람들은 이런 땅속 동굴을 보면서 지하세계를 어렵지 않게 상상할 수 있었을 것이다.

이 동굴은 매우 아픈 역사도 가지고 있다. 제2차 세계대전 때 독일군은 1,000배럴에 달하는 항공기 연료를 동굴에 숨겼다. 1배럴이 얼추 160리터 정도니, 가정용 냉장고 1,000개를 쌓아놓은 것과 같은 양이다. 이를 두고 볼 수 없었던 슬로베니아군이 이 기름을 모두 폭파시켜 태워버렸다. 기름은 일주일 내내 탔고 동굴 내부는 검은 그을음으로 가득 찼다.

포스토이나 동굴에 갈 기회가 있다면 출구 쪽 동굴 내부가 모두 검게 그을린 것을 유심히 살펴보기 바란다. 아직도 무언가 타는 냄새가 난다. 하지만 조금 더 유심히 살펴보면 그을음 사이사이에 칼슘과 탄산이 결합해 생긴, 밝게 빛나는 부분을 볼 수 있다. 이것이 천장에서부터 자라 내려오면 종유석이 되고, 바닥에서부터 자라 솟으면 석순이 된다. 인간이 제아무리 동굴을 파괴하려고 해도 동굴은 머지않아 새 얼굴을 찾는 것이다.

동굴이 이렇게 새 생명을 얻을 수 있는 건 모두 물의 힘 덕분이다. 석회동굴은 석회암 지대를 지나가는 한 줄기 물에 의해 생겨난다. 처음에는 있는지도 모를 아주 가는 물줄기가 돌을 천천히 녹이면서 차츰 길을 넓힌다. 물길이 생기면 그곳에 더 많은 물이 흐르고, 물이 많아지면 암석은 더 빨리 닳는다. 결국 땅속에 거대한 강이 흐르게 된다.

석회암으로 이루어진 기반암은 모두 균일하지 않다. 어느 곳은 깎이기 쉽고 어느 곳은 단단한 물질로 이루어져 있다. 물은 항상 자신이 할 만큼만 일을 한다. 그 결과 무른 곳은 더 많이 패여 폭포가 되고, 단단한 곳은 에둘러 흘러가기도 한다. 그러면서 동굴은 위아래로 또 좌우로 굽어진다.

동굴의 천장을 올려다보면 빗물이 스며들면서 석회암에 함유된 탄산칼슘이 녹아 대롱대롱 매달려 있는 걸 볼 수 있다. 그러다 곧 중력을 이기지 못하고 떨어지지만 천장에 미련을 두듯 아주 조금 묻혀놓고 떨어진다. 물속에 녹아 있던 소량의 탄산칼슘은 결정이 되어 천장에 들러붙는다. 누구도 거기서 그런 일이 벌어지고 있다는 것을 알 수 없지만, 1,000년쯤 지나면 5센티미터 남짓 자라난 종유석을 볼 수 있다. 그제야 사람들은 천장 위에서 종유석이 자라고 있다는 것을 알아챈다.

그러니 불에 탄 동굴에서 새롭게 생긴 피부를 보는 것은 이제 막 태어난 종유석을 보는 것이나 마찬가지다. 1,000년 뒤 5센티미터로 자라날 종유석들을 잘 지켜보자.

인간의 삶도 이와 다르지 않다. 사춘기 청소년들의 삐딱함, 십 대의 가출, 삶의 목적을 잃고 자살하는 사람들도 사실은 꽤 오래전부터 생의 천장에 붙어 있으려고 애를 쓰며 무수한 메시지를 보냈을 것이다. 그러나 멀리 떨어져 있는 사람은 물론이고 주변 사람들조차 그것을 알아채지 못했다.

주의깊게 살펴보면, 모든 것에는 태어나는 순간이 있다.

스코틀랜드의 돌

고성을 사랑하는 사람들의 로망인 스코틀랜드의 에든버러 성. 성안에 들어가 거닐고 있으면 마치 중세시대에 온 듯하다. 돌로 만든 어두컴컴한 방, 빵을 굽느라 분주했을 흙으로 만든 커다란 오븐, 수프를 끓이느라 식을 틈이 없었던 무쇠 솥, 누군가의 주문으로 알 수 없는 약을 만들던 마녀들의 가게, 쉬지 않고 옷감을 만들었을 베틀. 이런 것들을 구경하며 좁은 골목과 계단을 오르내리다 보면 아서왕이 스코틀랜드를 통일했던 시대에 온 것 같은 착각마저 든다.

'여기에 중세 복장만 갖추고 있다면 금상첨화인데.'

문득 경복궁 일대에 한복을 입고 돌아다니는 사람들이 떠올랐다.

'아, 이래서 한복을 빌려 입는구나!'

혹시 옷을 빌려주는 곳이 없을까 싶어 주변을 두리번거렸지만 사진을 찍기 위해 잠시 걸쳐보는 로브를 빌려주는 곳은 있어도 몇 시간씩 옷을 빌려주는 곳은 없었다. 실망스러운 마음도 잠시, 내 눈을 사로잡은 것이 있으니 바로 땅이었다.

에든버러 성이 지어진 곳은 다름 아닌 화산 위다. 3억 5천만 년 전, 그러니까 지질시대로 보아 공룡이 나오기 훨씬 이전인 고생대에 피식 꺼져버린 화산의 뼈대다. 당시 화산 입구까지 올라온 마그마는 힘이 빠져 폭발하지 못하고 그 자리에서 단단하게 굳어버렸다. 오랜 세월이 흐르면서 마그마를 둘러싸고 있던 산은 비바람에 깎여 사라졌지만, 무척이나 단단하게 굳은 마그마, 곧 화강암은 모진 풍파를 견디며 그 자리에 고스란히 남았다. 그리고 드디어 세상 빛을 보게 되었다. 그것이 '캐슬락Castle Rock'이다.

스코틀랜드의 독립을 부르짖던 사람들이 이곳에 와보니 이 주변에서 가장 높은 곳이 바로 이 화강암 언덕이었다. 사방팔방이 다 내려다보이는 자연 요새라 전쟁을 해야 한다면 이보다 더 좋은 자리는 없었다. 그리하여 에든버러 성은 13세기 스코틀랜드의 독립전쟁 즈음에 얼추 완성되었고, 그 뒤로 조금씩 보태져 오늘날과 같은 모습이 되었다.

　에든버러 성 동쪽에 위치한 '로열마일Royal Mile' 끝에도 이
와 유사한 언덕이 하나 있다. 이곳 역시 지질학자들이 화산
플러그, 우리말로 옮기면 '화산 뚜껑'이라 부르는 딱딱하게
굳은 마그마가 드러난 곳이다. 이곳에 '아서의 자리'라는 이
름이 붙은 커다란 바위가 있는데, 오직 아서왕만이 뽑을 수
있었다는 검이 박혀 있다. 이곳은 해발 250미터로 에든버러
성을 온전히 볼 수 있는 유일한 자리이기도 하다. 그러니 왕
을 비롯해 역사를 만드는 사람이라면 이곳을 그냥 둘 수 없
었을 것이다. 사람들은 고작 1,000년 남짓한 이야기들에 관
심이 많은데, 이 모든 인간의 역사가 그보다 35만 배나 긴 시
간을 버텨온 화강암 덕분에 가능했다는 사실을 알고나 있는
지 모르겠다.

　에든버러 성에서 관람자들이 가장 길게 늘어서 있는 곳
은 왕관과 '운명의 돌'이 있는 방이다. 방도 작고 들어가는
입구도 좁은 계단이라 들어가는 길과 나오는 길이 다르다.
가는 내내 운명의 돌을 만날 수 있다는 기대감을 상승시키
기엔 더 없이 좋은 구조다. 그런데 눈앞에 나타난 운명의 돌
을 보고 솔직히 실망을 감추지 못했다.

운명의 돌은 우체국 택배 상자 5호보다 조금 작은 크기의 석회암으로, 스코틀랜드의 왕이 대관식을 할 때 무릎을 꿇고 왕관을 물려받았던 돌이다. 오래돼서 그런지 마모되어 반질반질 윤이 나는 이 돌은 단순한 돌이 아니라 왕이 무릎을 꿇은 유일한 돌이다. 그러니 왕보다 높은 돌인 셈이다.

스코틀랜드의 영원한 적수인 잉글랜드에도 이런 돌이 있다. 잉글랜드 왕은 스코틀랜드에서 이 돌을 빼앗고는 잉글랜드의 돌에 무릎을 꿇고 왕관을 쓴 뒤 다시 스코틀랜드의 돌로 가서 무릎을 꿇었다. 이것은 스코틀랜드를 인정해서가 아니다. 잉글랜드의 돌 위에서 왕관을 쓰고 "나는 잉글랜드의 왕이다"라는 걸 공포한 뒤 스코틀랜드에서 빼앗아 온 운명의 돌에 무릎을 꿇고는 "스코틀랜드도!" 뭐, 이런 분위기였다고나 할까.

이렇게 중요한 상징성을 지닌 돌을 잉글랜드에 빼앗긴 스코틀랜드 사람들은 이를 찾으러 가지 않을 수 없었다. 그들은 다양한 결사대를 조직해 모든 방법을 동원했지만 번번이 실패로 끝나고 말았다. 다행히 애국심 강한 스코틀랜드의 학생들이 운명의 돌을 손에 넣은 뒤 밤새 마차를 달려 하일랜드^{Highland}(스코틀랜드의 지방)의 어느 이름 모를 교회 재단 밑에 숨겼고, 이 학생들은 끝까지 비밀을 간직한 채 죽음을 맞이했다. 하지만 이 돌을 찾으려는 집요한 사람들이 결국 그 교회를 찾아냈고, 운명의 돌은 그제야 에딘버러 성으로 돌아올 수 있었다.

왕의 권위와 국가 존재를 둘러싼 중요한 상징물인 운명의 돌! 그런데 이 돌을 직접 보면 이런 말이 절로 나온다.

"원, 세상에, 이 석회암이 뭐라고!"

6

시간이 멈춘 곳, 마추픽추

마추픽추는 2,430미터 고지대에 세운 공중 도시다. 잉카의 중심지 쿠스코에서부터 우루밤바 강이 열대우림을 헤치며 깎아놓은 계곡을 따라가면 갑자기 경사가 가파른 길이 나타나는데, 이 길을 따라 올라가면 1450년경에 만들어진 신비의 도시 마추픽추를 만날 수 있다.

산 아래가 이미 2,000미터가 넘는 높은 고지대인 데다 경사도가 큰 산길을 더 올라가야 해서 고산병에 시달리지 않을 방도가 없다. 하지만 쿠스코를 거쳐 며칠 쉬고 온 사람이라면 고산병은 걱정할 필요가 없다. 쿠스코의 고도는 무려 3,600미터! 쿠스코에서 무탈하게 지낸 사람이라면 마추픽추쯤은 거뜬하게 오를 수 있다. 게다가 요즘은 꼭대기까지 넓은 길이 나고 셔틀버스가 다니기 때문에 굳이 고통스럽게 등반하지 않아도 된다.

마추픽추 꼭대기에 올라서면 계단식 밭이 가장 먼저 눈

에 띈다. 돌투성이인 산 정상에서 농사를 짓기 위해 밭을 일 구었다니 정말 놀랄 일이다.

이것이 왜 놀랄 일이냐면, 우선 이곳에는 돌밖에 없다. 최 근 이 지역을 연구한 지질학자들에 따르면 이곳은 지층이 압 력을 받아 끊어진 단층이 있고, 그 탓에 부서진 돌이 많은 지 역이다. 잉카의 유적을 보면 종이 한 장 들어갈 틈 없이 정교 하게 짜 맞춘 돌담을 어렵지 않게 볼 수 있는데, 그런 건축물 을 만들기 위한 돌이 이곳에 많다는 뜻이다.

마추픽추를 건설한 잉카인들은 경사로에 큰 돌을 이용해 높이 3미터에 이르는 담을 쌓았다. 경사로와 담 사이에 생긴 공간에는 맨 아래에 수십 센티미터에 이르는 큰 돌을 쌓고, 그 위에 10센티미터가 조금 넘는 돌을 쌓고, 그 위에는 자갈 과 모래를 얹은 뒤 맨 위에 농사를 지을 수 있는 흙을 덮었 다. 물론 흙은 저 아래 강가에서 퍼온 것이다. 이런 방식으로 경사로에 40여 개의 계단식 농지를 만들고 밭을 오르내릴 수 있게 3,000개의 계단을 만들었다.

자, 이제 계단식 밭의 규모가 어떨지 짐작이 갈 것이다. 멀리서 보면 작은 계단들이 옹기종기 모여 있는 것 같지만 계단 하나의 높이는 3미터에 이르고 그것이 무려 40개니까 밭의 고도차는 무려 120미터! 가장 아래에 있는 밭과 가장 위에 있는 밭의 높이 차이는 100미터가 넘는 셈이다.

이곳은 연 강수량이 2,000밀리미터에 이르는 열대지방이지만 이와 같은 밭의 내부 구조가 물을 잘 빠지게 해 농지가 물에 잠기는 일이 없다. 이 지역의 지층 자체가 수많은 실금이 간 단층이라는 이유도 있겠지만, 설계가 잘된 수로 덕분에 폭우에 물이 불어도 주거지가 침수되는 일이 없다.

산꼭대기에서 무슨 홍수냐고? 모르시는 말씀이다. 경사면에 집들이 들어서 있고 물은 위에서 아래로 흐르는 속성 때문에 아래쪽에 지은 집은 하늘에서 내리는 비와 고지대에서 흘러내리는 물, 이렇게 이중으로 공격을 받을 수밖에 없다. 물이 잘 빠지지 않는 아래쪽에 사는 사람들은 당연히 가난한 사람들로, 돈 없고 계급이 낮은 사람들은 산에서조차 수해를 입을 확률이 크다. 하지만 15세기에 만들어진 이 수로는 너무나 훌륭해서 당시에도 아무런 물난리가 나지 않았음은 물론 오늘날까지 완벽하게 작동하고 있다.

이렇게 만든 계단식 밭에는 감자와 옥수수를 심는다. 놀라운 사실은 이렇게 재배한 감자를 자연 건조시켜 6년이나 두고 먹을 수 있다는 것이다. 방법은 이렇다. 감자를 캐서 볕이 잘 드는 땅에 그냥 던져놓는다. 감자는 햇볕과 바람을 맞으며 마르는데, 그 과정에서 물이 생기기도 한다. 썩어서 나온 물이 아니라 자연 발효하면서 생긴 물이기 때문에 가끔씩 밟아서 물을 빼주면 그대로 다시 마른다.

물이 다 빠져나가면 감자가 아주 단단하게 굳는데, 일반 사람들의 눈에는 이것이 마치 돌처럼 보이기도 한다. 다 마른 감자는 보관해두었다가 가루를 내 빵을 만들어 먹기도 하고, 물에 가라앉혀 녹말을 얻어 쪄서 먹거나 끓여 먹기도 한다. 이때 감자를 수확하고 저장하는 6년 동안 전기를 비롯해 현대 문명이 제공하는 어떤 기계도 쓰지 않는다. 이것이야말로 흙과 햇살과 바람이 만들어낸 천연 먹거리 아니겠는가!

이와 같은 감자 저장법은 마추픽추에만 있는 것은 아니고 잉카 트레일을 따라 번성한 문명사회 어디에나 퍼져 있다. 잉카 트레일 부근에는 지금도 자연 건조 중인 감자를 어렵지 않게 볼 수 있다.

요즘도 이곳에서는 무언가를 수리할 때 전기나 기계를

쓰지 않는다. 만약 여러분이 계단식 논 옆의 작은 계단을 수리하고 있는 사람을 발견한다면, 한 사람은 돌무더기를 한 아름 지고 와서 빠진 곳에 끼워 넣을 수 있는 딱 맞춤한 돌을 찾고 있을 테고, 그 옆에 있는 사람은 진흙을 이겨 계단 사이의 틈에 메우고 있는 모습을 보게 될 것이다. 계단을 수리하는 방식이 수백 년 전 사람들이 했던 방법과 다를 게 없다. 이들이 일하고 있는 모습에서 지금이 21세기임을 알아볼 수 있는 사실은 오로지 그들이 입고 있는 옷과 진흙을 이기려고 떠온 물이 2리터짜리 생수 통에 들어 있다는 것 정도다.

문득 머릿속이 시원해지는 느낌이 든다. 어느 날 전기를 쓸 수 없게 된다면 현대의 도시 문명은 아비규환이 될 것이다. 그러나 이곳 사람들은 그런 변화에 아랑곳없이 500년 전과 같은 방식으로 살아갈 수 있다.

그런 의미에서 마추픽추는 시간이 멈춘 세계다. 물론 저 아래서부터 걸어 올라오려면 욕은 좀 나오겠지만.

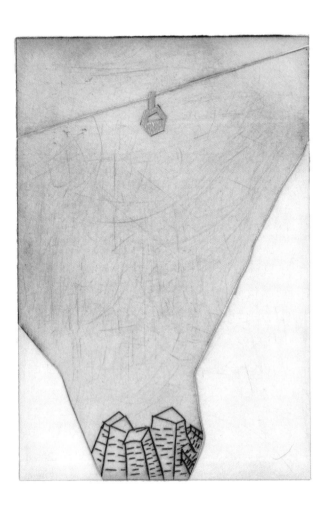

7

SF 도시, 라파스

페루에서 볼리비아의 수도 라파스로 가는 비행기에서 창
밖으로 보이는 것은 안데스산맥 위의 평평한 고원지대다.
너무 높아서 풀도 나무도 없다. 정말 볼 것이 아무것도 없다.
하지만 목적지인 라파스에 다가가면 세계 어디에서도 볼 수
없는 극적인 도시의 모습을 볼 수 있다. 그 시작은 불모지인
사막에서 저 멀리 땅에 납작하게 붙은 집과 건물이 보이기
시작할 때부터다. 건물이 가까워질수록 땅과 하늘에 금이
그어져 있는 것 같고, 조금 더 가까이 가면 거대하고 투명한
반구가 그 도시를 덮고 있다는 착각을 불러일으킨다.

문득 이런 질문이 떠오른다.

'대체 누가 이 불모지에 건물을 세울 생각을 했을까? 사
막과 도시의 경계에는 누가 살고 있을까?'

도시와 점점 가까워지자 비행기가 집들을 만질 수도 있
을 정도로 고도를 낮췄다. 새삼 땅이 참 평평했다는 사실에

놀란다.

'그래, 이렇게 땅이 평평하니까 고도를 낮출 수 있는 거 겠지.'

하지만 놀랄 일은 이제부터다. 평평하던 땅이 갑자기 쑥 꺼지면서 거대한 계곡이 나타난다. 네모반듯한 두부를 국자 로 쿡 찔러 깊은 자국을 낸 것 같은 계곡이다. 평지에서 계곡 으로 내려가는 경사면에 무언가 있다. 그 위를 지나갈 때 보 니 빽빽하게 들어선 집들이다. 경사를 구불구불 내려가는 길도 보인다. 저런 비탈에 사람이 살고 있다니! 하지만 이건 다음에 볼 장면에 비하면 아무것도 아니다. 계곡 저 밑바닥 에 높은 빌딩들이 보인다.

'이건 뭐지? 왜 저 밑바닥에 빌딩이 있는 거지? 평평한 땅 을 두고 왜 저 아래에 빌딩을 지은 거지?'

비행기가 계곡의 내리막 경사면 위를 지나서 오르막 경 사면 위를 지나간다. 그곳에도 집들이 빽빽하다. 아, 그런데 뭔가 다르다.

'이게 뭘까? 왜 느낌이 다르지? 아하, 그렇구나! 집들이 모두 계곡 그림자 속에 있었구나.'

나는 그제야 빌딩이 왜 저 계곡 밑바닥에 있는지 깨달았다. 숨을 쉬기 위해서다.

평평한 사막의 고도는 해발 4,100미터로, 공기가 해변의 절반밖에 안 돼 숨쉬기가 힘들다. 오죽하면 세계적인 축구팀인 브라질 선수들조차 이곳에 원정 경기를 오면 100전 100패일까. 이곳에서 나고 자란 사람들은 폐활량이 엄청나다. 물론 이들이 다른 나라에 가면 숨쉬기가 힘들다는 게 약점이다.

그러나 계곡 밑바닥의 고도는 3,200미터로 페루의 수도 쿠스코(3,600미터)보다 400미터 낮다. 저 정도면 사람이 살아갈 수 있다. 사람들은 산소를 찾아 모두 계곡 아래로 내려온 것이다. 계곡 아래에선 그나마 숨쉬기가 편하고 그늘도 있다. 저 위 평지에선 그늘을 만들어줄 산이 없기에 직사광선을 그대로 받으며 살아가야 한다.

자, 그럼 누가 계곡으로 내려와 큰 집을 짓고 살 수 있을까? 그렇다. 돈 있는 사람들이다. 이곳 라파스에선 돈 있는 사람이 계곡 아래에서 살고 돈이 없는 사람이 높은 곳 평지에서 산다.

비행기는 다시 평탄한 고원지대 위를 날아 엘 알토 공항에 내려앉았다. 이제 호텔로 가려면 차를 타고 조금 전 비행기에서 보았던 구불구불한 길을 내려가야 한다. 비탈길은 비행기에서 보던 것보다 훨씬 위태로웠다. 이 길을 아침저녁으로 다녀야 하는 직장인들을 떠올렸다. 길도 좁고 위험한데, 수십만 명에 이르는 노동자들은 어떻게 출퇴근을 할까?

이 같은 어려움을 간파한 볼리비아 정부는 중심 시가지와 고지대 주거지를 잇는 케이블카를 만들었다. 버스도 지하철도 여의치 않은 지역에서 내린 최고의 선택이었다. 케이블카를 타고 출퇴근을 하다니, 이 또한 무척이나 낯선 풍경이다.

계곡 바닥으로 내려와 바로 그 케이블카, '미 텔레페리코'를 타러 갔다. 마침 퇴근 시간이라 어마어마한 사람들이 모여 있었다. 하지만 직원들이 빠르고 신속하게 사람들을 이동시켰다. 케이블카가 매우 빠른 속도로 움직였지만 사람들 역시 능숙하게 타고 내렸다. 미 텔레페리코를 타고 고원지대로 올라갔다. 도시의 불빛이 모두 발아래에 있었다.

'아, 정말 멋있다.'

그런데 이것이 끝이 아니었다. 케이블카가 고원지대로 올라가는 순간 지평선을 타고 끝없이 펼쳐진 불빛이 보였다. 태어나서 이렇게 평평하게 깔린 주거지의 불빛은 본 적이 없다. 마침 낮에 뜨겁게 달궈진 땅이 급격히 식으며 공기에 와류가 생겨 주거지의 불빛이 마구 흔들렸다. 마치 지평선 전체에 반딧불이가 한가득 앉아 있는 것 같았다. 비행기에서 잘못 봤다고 생각한 투명 반구가 또다시 나타났다. SF 영화에 나오는 도시를 현실에 구현해놓은 것만 같다.

'우아, 도저히 믿기지 않아. 이건 현실 세계가 아냐.'

그제야 아주 단순한 사실을 깨닫는다. 사람들은 저 바깥에서부터 집을 짓기 시작한 것이 아니라 계곡 아래서부터 지어 여기까지 왔다는 사실을 말이다. 질문을 다시 바꾸어야겠다.

'누가 이 끝에 살게 되었을까? 누가 산소가 부족한 고원으로 밀려났을까?'

8

우유니의 고요

　라파스에 온 외국인들의 다음 행선지는 십중팔구 우유니 사막이다. 우유니 사막은 해발 3,650미터 고원지대에 있는 광활한 사막으로, 이곳에는 모두 다섯 개의 숙소가 있다. 이 숙소들은 소금으로 만든 것과 돌로 만든 것 등 저마다 지역의 특성을 살려 만든 집들이기 때문에 꼭 하룻밤 묵어보길 권한다. 전기를 끌어올 수 없어 태양전지와 발전기를 쓰는 탓에 9시가 되면 어김없이 단전이 되지만 그 덕에 어디에서도 볼 수 없는 밤하늘을 볼 수 있다. 수백 킬로미터 내에 그 어떤 문명도 없어서 지구상 어디서도 경험할 수 없는 고요함마저 느낄 수 있다.

　흔히들 우유니 사막을 소금 사막과 동의어로 생각하는 경향이 있는데, 엄밀히 말하면 소금 사막은 드넓은 우유니 사막 중 한 부분에 지나지 않는다. 소금을 얻으려면 바닷물을 가두고 손발이 부르트도록 힘겨운 노동을 해야 하는 우리로서는, 지평선까지 소금으로 이어진 사막을 상상하기가 쉽지 않다. 하지만 세상은 넓고 신비로운 곳은 많다. 지구 어딘가에 경기도 전체 넓이보다 약간 큰, 몽땅 소금으로 이루어진 사막이 존재한다는 것은 충분히 짐작해볼 수 있는 일이다. 뭐 그래도 신기한 것은 사실이지만.

이렇게 높은 고원지대에 100억 톤에 이르는 소금이 펼쳐져 있다는 것은 이곳이 몇 만 년 전에는 바다였다는 사실을 말해준다. 해발 3,000미터가 넘는 지대가 바다 밑바닥이었다니! 믿기지 않겠지만 사실이다.

빙하기가 되자 바다가 얼어붙으면서 이곳은 수 킬로미터의 빙하 아래 놓이게 되었다. 그러다 지구의 날씨가 따뜻해지면서 빙하가 녹기 시작하자 빙하에 눌려 있던 땅이 조금씩 솟아올랐다. 그와 함께 태평양판과 남아메리카판, 이렇게 두 판이 서로 밀어붙이다 보니 더욱더 위로 솟구쳐 오르게 되었다. 그 결과 생긴 것이 안데스산맥이고, 그 꼭대기에 바닷물로 가득 찬 호수가 들어앉게 된 것이다. 오랜 세월이 흐르는 동안 호수의 물은 증발해서 사라지고 소금만 남게 되었다. 이것이 우유니 소금 사막이다. 이런 방식으로 생긴 소금 사막은 세계 각지에 아주 많다.

이런 지질학적인 사실과 관계없이 우유니 소금 사막이 유명해진 이유는 따로 있다. 우기에 비가 오면 우유니 사막은 거대한 거울로 변하는데, 그 덕분에 이곳에서 사진을 찍으면 아주 멋지게 나온다.

거울의 원리에 대해 잠깐 설명하자면, 우선 투명하고 평평한 판이 있어야 하고, 판의 뒷면에 반사막을 만들어 빛이 유리를 통해 반사할 수 있도록 만들어야 한다. 빛은 판의 투명한 곳으로 들어갔다가 뒷면에 반사되어 다시 되돌아 나오는데, 이때 거울을 통해 자기 모습을 볼 수 있다.

자, 이제 이 원리를 비가 내리는 우유니 소금 사막에 하나하나 대입해보자. 투명한 판은 소금 위에 고인 깊이 10센티미터 남짓한 물이다. 빛은 물을 통과한다. 빛을 반사시키는 것은 물 아래에 있는 소금이다. 이런 간단한 원리 덕분에 우유니 소금 사막은 사진을 찍고 싶어 안달이 난 사람들에게 인기 있는 장소가 되었다.

많은 여행사들이 우유니 사막이 거울로 변했을 때 찍은 사진을 홍보물로 사용하곤 한다. 그리고 그 사진에 홀딱 넘어간 사람들은 너도나도 광고 홍보물 같은 사진을 찍으려고 우유니 사막을 찾는다. 하지만 하나 알아두어야 할 것이 있다. 그런 사진은 쉽게 얻을 수 없다는 사실이다.

화장실에 걸려 있는 거울을 가만히 보라. 표면이 매끄럽다. 그래야 입사각과 반사각이 같아 거울에 비친 상이 깔끔하기 때문이다. 그러나 물이 고인 우유니 사막의 표면은 항상 매끈하지 않다. 누군가 포즈를 취하려고 물을 차며 저벅저벅 걸어가면 물의 표면에 동심원이 수없이 생겨 어지러운 무늬가 나타난다. 물에 비친 이미지에도 무늬가 생긴다. 그렇다면 홍보물에 나온 그 깨끗한 비침은 어떻게 얻은 것일까?

정답은 움직이지 않는 데 있다. 피사체가 된 사람은 포즈를 취한 뒤 물표면의 물결파가 사라질 때까지 가만히 기다려야 한다. 피사체가 인내심을 발휘해 물의 표면이 잔잔해질 때까지 부동 자세로 있더라도 바람이 불면 말짱 헛수고가 된다. 물이 고인 소금 호수가 거대한 거울 역할을 해주길 바란다면 인간 역시 그에 상응하는 노력을 해야 한다. 찍는 사람, 찍히는 사람 모두 이곳에서는 딱 필요한 만큼만 움직이고 고요하게 있어야 한다. 고요는 이 사막에서 꼭 필요한 덕목이다.

소금 사막의 입장에서 보자면, 사진 찍느라 난리인 사람들이 얼마나 귀찮겠는가. 사람들은 얇게 덮인 물 때문에 살짝 녹아내린 소금 사막의 표면을 마구 짓밟고 다닌다. 표면이 파헤쳐지지만 사막은 묵묵히 참는다. 밤이 되어 사람들이 떠나고 나면 소금 사막의 표면은 고인 물 아래에서 다시 평정을 찾는다. 다음 날 사람들이 몰려와서 또다시 파헤쳐 놓아도 그냥 내버려둔다. 밤이 되면 다시 평정을 찾을 것임을 알기 때문이다.

건기가 와 사람들이 떠나고 표면을 덮고 있던 물도 공기 중으로 사라지면, 사막은 다시 표면을 재정비해 반듯하고 평평한 소금 사막이 된다. 사막은 제법 미적 감각도 있어서 바닥에 커다란 육각형 자국을 남기며 평온을 찾는다. 과학자들은 이를 두고 가장 효율적으로 마를 수 있는 상태라고 설명을 덧붙인다.

사막은 다시 고요해진다. 그리고 다음 우기를 기다린다.

SCIENCE

과학,
그 너머의 것들

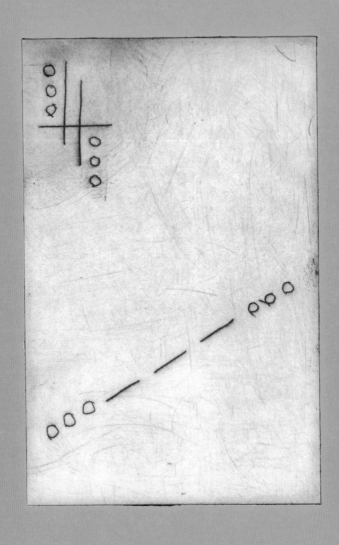

⠒⠒⠒⠒ ⠒⠓⠐⠒⠓⠐⠒⠐⠐ ⠒⠒⠒⠒

1825년 새뮤얼 핀리 브리즈 모스 Samuel Finley Breese Morse 는 미국의 워싱턴 DC에 있는 작업실에서 미국독립전쟁의 영웅 라파예트 후작의 초상화를 열심히 그리고 있었다. 450킬로미터 떨어진 뉴헤이븐의 집에서는 아내가 곧 출산을 앞두고 있었지만, 성공한 화가가 되려면 이 길을 택할 수밖에 없었다.

그러던 어느 날 아내가 난산 끝에 숨을 거두고, 그 소식은 사흘 뒤에야 모스에게 도착했다. 그는 서둘러 집으로 향했으나 아내의 장례식은 이미 끝나버렸고 시신은 땅속에 묻힌 뒤였다.

모스는 슬픔에 잠긴 채 이 일을 곱씹다가 평범한 사람이라면 절대 할 수 없는 일에 도전했다. 그것은 장거리 통신 방법을 찾는 일이었다. 아내의 위급한 소식을 좀 더 빨리 들을 수 있었다면, 나아가 편지나 급한 전갈을 말보다 더 빠른 무엇에 실려 보낼 수 있었다면 아내의 얼굴도 못 보고 아쉽게 이별하는 일은 없었을 것이라 생각했다.

장거리 통신 방법에 대해 온 신경을 쏟고 있던 모스는 여행 도중 기차에서 우연히 만난 물리학자 찰스 토마스 잭슨 Charles Thomas Jackson 에게 전자석에 관해 배웠다. 쇠막대기에 전선을 둘둘 만 다음 전선에 전기를 흐르게 하면 전선 주변에 자기장이 형성되어 쇠막대기는 자석이 되는데, 이것이 바로 전자석이다. 전자석은 자기장을 형성하고 쇠붙이를 끌어당기는 힘이 있다는 점에서 보통 자석과 같지만, 전기가 흐를 때만 자석이 된다는 점이 다르다. 모스는 바로 이 점이 장거리 통신을 가능하게 할 수 있으리라 생각했다.

연구실로 돌아온 모스는 긴 전선의 한쪽 끝에는 스위치, 반대쪽 끝에는 전자석을 달고 거기에 펜을 매달아 아주 원시적인 전신기를 만들었다. 펜 아래에는 긴 종이테이프가 돌아가고 있어서, 스위치를 누르면 펜이 아래로 내려가 종이에 자국을 남겼다. 스위치를 오래 누르면 선이 그어지고 짧게 누르면 점이 찍혔다. 이렇게 만든 전신기는 긴 전선과 전지만 충분하다면 아주 먼 곳에서도 펜을 움직이는 게 가능했다.

하지만 이 장치로는 단어나 문장을 적을 수 없었다. 그래서 생각해낸 것이 바로 모스부호다. 모스는 오직 점과 선의 조합만으로 알파벳을 재구성했다. 효율성을 생각해서 가장 많이 사용하는 e는 점 하나, i는 점 두 개, o는 점 세 개로 표시하고, 잘 쓰지 않는 알파벳일수록 점과 선의 수가 늘어났다.

예를 들어 SOS는 길게 세 번, 짧게 세 번, 길게 세 번을 누르면 된다. 2019년에 개봉한 우리나라 영화 〈엑시트〉에서 주인공들이 모스부호를 박수로 바꾸어 구조 신호를 보내는 장면 덕분에 모두가 잘 아는 부호가 되었다.

모스부호는 쉽고 간단하고 효율적이라 아무리 먼 곳이라도 통신선만 연결되어 있으면 메시지를 전달할 수가 있었다. 이제 급한 연락 사항은 말에 실려 보내지 않아도 되었다. 드디어 장거리 유선통신 시대가 열린 것이다.

모스는 이것이 큰 사업으로 이어질 것이라고 예상했다. 대서양에 전선을 깔아 북아메리카와 유럽을 통신으로 연결하면 분명 찾는 사람이 많을 터였다. 그래서 그는 두 대륙을 잇는 유선통신 사업에 투자를 했다. 하지만 누구도 해보지 않은 일에는 실패가 따르기 마련! 두 번의 실패 끝에 마침내 세 번째 시도에서 성공해, 1958년 최초로 전신 메시지가 대서양을 건너 전송되었다. 3개월 뒤 또다시 전선이 끊겼지만, 그 덕분에 훗날 대서양 바닥에 해저화산이 있다는 사실마저 알게 되었다. 실패를 두려워하지 않고 계속 시도한 사람들 덕이다.

대륙을 잇는 장거리 유선통신이 성공하자, 이를 좀 더 극적으로 이용해야겠다고 생각한 사람이 나타났다. 그의 이름은 알렉산더 그레이엄 벨$^{Alexander Graham Bell}$. 그는 목소리를 전달하는 장거리 통신이 가능함을 알았다.

뛰는 놈 위에 나는 놈이 있다고, 벨이 장거리 유선통화에 성공하자 무선통신을 꿈꾸는 이가 나타났다. 자꾸 끊어져서 보수가 잦은 금속선 따위는 필요 없다고 외친 젊은이가 나타난 것이다. 이탈리아의 청년 굴리엘모 마르코니$^{Guglielmo Marconi}$는 과감한 상상과 실험 정신으로 선이 없어도 통신이 가능하다는 것을 드러내 보이며 무선통신의 시대를 열었다. 이 흐름은 대역확산 유도장치, 집적회로, 무선전화기, 카메라 폰, 인터넷 등의 급물살을 타고 오늘날 스마트폰을 만들어냈다.

이 모든 흐름이, 그러니까 우리의 분신과도 같은 스마트폰의 발명이 아내의 임종을 지키지 못해 슬퍼한 어느 화가로부터 시작되었다니 세상일은 참 알다가도 모르겠다. 분명한 사실 하나는 그럼에도 모스가 슬픔을 이겨내고 새로운 시도를 했다는 점이다. 그렇다면 모스는 이렇게 말할지도 모른다. "슬픔은 나의 힘!" 그 바탕에는 다른 이들은 나와 같은 슬픔을 겪지 않았으면 좋겠다는 이타심이 깔려 있음이 분명하다.

모두를 보듬어주는 이타심이야말로 가장 경쟁력 있는 태도다. 상대방을 누르고 올라서야 하는 현대사회의 '경쟁'은 서로가 가진 양분을 나눌 수 없지만, 보듬으면 상대방의 것도 내 것이 된다. 어느 쪽이 더 이득일까?

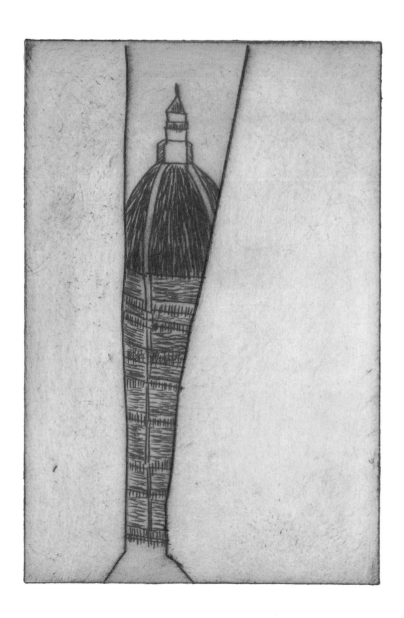

2

피렌체의 갈릴레오

전 지구 역사를 통틀어 가장 유명한 과학자는 갈릴레오 갈릴레이다. 과학에 손톱만큼도 관심이 없는 사람이라도 "그래도 지구는 돈다!"라고 갈릴레이가 중얼거렸다고 전해지는 이 말을 모르는 이는 없을 테니까. 마찬가지로 영국의 4인조 그룹 퀸이 부른 〈보헤미안 랩소디〉를 아는 사람이라면 뜻도 모르고 갈릴레오와 피가로를 외쳤을 가능성이 크다.

갈릴레오 갈릴레이는 연구 내용을 꼼꼼하게 기록해 누구라도 자신의 연구를 따라할 수 있도록 한 최초의 과학자로 일컬어진다. 그 때문에 과학사를 다룬 거의 모든 책에는 그의 이름이 거론되어 있고, 워낙 많은 발명과 발견을 했기에 그에 따른 일화도 넘치도록 많다.

솔직히 말하자면, 이렇게 널리 알려진 사람에 대해 쓰는 것은 몹시 부담스러운 일이다. 아무리 잘 써도 그 이야기가 그 이야기인 것 같고, 어디서 들어본 이야기인 것 같고, 이미 읽은 이야기인 것 같은 느낌을 주기 때문이다. 이런 이유로 나는 갈릴레이에 대한 원고를 쓸 때 몇 달을 붓방아질했는지 모른다.

그러다 문득, 자료만 가지고는 갈릴레이에 대해 쓸 수 없다는 것을 깨달았다. 내가 읽은 자료는 고작 갈릴레이의 일화에 대해서만 설명해줄 뿐이다. 논문의 저자는 갈릴레이의 저서나 그가 발명해낸 기구를 직접 보았을 수도 있지만, 나는 갈릴레이의 책과 물건을 보고 연구한 사람이 쓴 글을 볼 뿐이다. 갈릴레이, 그의 물건, 연구자, 논문, 나로 연결된 시공간의 흐름을 보면 갈릴레이가 나에게 오기까지 네 번의 다리를 건너야 하는 셈이다.

물론 갈릴레이는 이미 죽었으니 시간을 거스를 수는 없다. 그렇다면 갈릴레이가 가장 열정적으로 살았던 공간에 가서 그가 무엇 때문에 그렇게 열심히 살았는지를 확인해봐야 한다. 그래서 피렌체로 갔다!

볼로냐에서 남쪽으로 뻗은 도로를 타고 토스카나 지방을 지나 산을 하나 넘으면 평지가 나오고, 저 멀리 초록색 낮은 구릉 사이로 무언가 삐죽 튀어나온 지붕이 하나 보인다.

'저건 뭐지?'

곧 흰색 기둥이 십자가라는 사실을 알아차렸다. 조금 더 가보니 십자가를 받치고 있는 붉은 지붕이 조금 보이고, 조금 더 가보니 지붕은 그냥 평범한 집의 지붕이 아니라 둥근 돔의 꼭대기라는 것을 알 수 있었다. 이쯤 되면 피렌체에 와 본 사람들은 누구나 저것이 무엇인지 알아본다. 바로 두오모 성당이다.

피렌체에 들어서기 전부터 보이는 두오모 성당은, 말하자면 "저기가 피렌체야" 하고 알려주는 세상에서 가장 커다란 표지판인 셈이다. 만약 내가 어느 시골에서 피렌체로 상경하는 이탈리아의 젊은이였다면 삐죽 솟아난 저 탑만 보고도 가슴이 뛰었을 것이다. 당시 가장 돈이 많고 권력이 집중되어 있고 문화에 대한 이해가 높은 고품격 사회인 피렌체에 발을 디디기 일보 직전이 아닌가. 이건 마치 미술을 공부하는 학생이 파리에 가서 에펠탑 앞에 섰을 때의 마음, 또는 뉴욕의 자유의 여신상 앞에 서서 자신의 꿈을 펼칠 생각에 엔도르핀과 아드레날린이 뿜어져 나오는 상태와도 같다.

저 붉은 지붕이 두오모라는 사실을 알아챈 순간 나는 갈릴레이를 만날 수 있었다. 아버지의 강요로 피사에서 의학

공부를 하던 갈릴레이가 그 공부를 팽개치고 자신의 야망을 이루어줄 메디치 가문을 찾아 피렌체로 향하면서, 피렌체 성문에 당도하기 전부터 보이는 두오모 성당의 탑을 보며 무슨 생각을 했을까? 아마도 당시 문화의 요람인 이곳에서 보란 듯이 성공해 보이리라 결심했을 것이다.

나 역시 그 설렘과 야망을 이해할 수 있을 것 같았다. 나도 그런 적이 있으니까. 문득 합격자 명단을 보러 대학 운동장에 들어서던 순간이 기억났다. 커다란 운동장 한가득, 수험번호가 적힌 전지가 붙어 있었다. 합격을 확인하기 위해 운동장을 가로지르던 그때, 나에게는 그 넓은 운동장에 고인 공기를 다 마셔버릴 수 있을 에너지가 있었다. 이곳에서 모든 지식을 흡수해 그것을 추진력 삼아 지구도 벗어날 수 있다는 자신감에 차 있었다.

그러자 내가 갈릴레이와 겹쳐졌다. 합격자 명단이 붙어 있던 운동장과 두오모 성당이 겹쳐졌다. 이제야 갈릴레이에 대해 제대로 쓸 수 있겠다.

그
래
도
지
구
는
돈
다.

3

일본 자오의 침엽수

일본 야마가타현에 위치한 자오의 스키장에 가기 위해 센다이 공항에 내렸을 때 나는 무언가 잘못되었다는 것을 직감했다. 공항이라면 당연히 있어야 할 대중교통 정류장이 보이지 않았다. 내가 묵을 숙소는 차를 타고 족히 30분은 가야 하는 거리인데, 버스, 기차, 택시가 없으면 어떻게 가란 말인가. 더욱이 눈이 1미터나 쌓여 있는 이곳에서.

주변을 두리번거리니 스키를 타러 온 일본인들이 줄서 있는 것이 보였다. 저들이 줄서 있는 이유는 오직 하나, 무언가 탈것을 기다리고 있는 거라고 굳게 믿으며 나는 얼른 그곳으로 가서 관심을 받고 싶다는 마음 가득한 눈으로 그들을 쳐다보았다.

다행히 나를 불쌍히 여긴 사람 덕분에 알게 된 사실은, 이곳에는 대중교통이 없고 호텔을 예약할 때 버스도 같이 예약을 해야 한다는 것이었다. 하지만 나 같은 사람이 종종 있다며, 버스가 오면 일단 타라고 조언을 해주었다. 그래서 버스를 탔다. 물론 숙소에 도착해서 차비를 냈다.

우여곡절 끝에 스키 장비를 챙겨 아코잔 산꼭대기에 내리니 말로만 듣던 '얼음 괴물'이 나를 기다리고 있었다. 성인의 키를 훌쩍 넘는 하얀 거인들의 정체는 눈을 뒤집어쓴 아오모리 도도마쓰 전나무다! 이 침엽수들은 수시로 드나드는 눈구름 때문에 자연 눈사람, 아니 얼음 괴물이 되었다.

물의 온도가 0도 이하로 내려가면 언다는 사실은 누구나 알지만, 0도 이하로 내려간 물이 모두 어는 것은 아니라는 사실은 잘 모른다. 과학자들은 0도 이하로 온도가 내려가도 얼지 않는 물이 있으며, 영하 41도까지 내려가도 얼지 않을 수 있다는 사실을 알아냈다. 이런 물을 과냉각수라고 하는데, 말 그대로 지나치게 차가운 물이라는 뜻이다.

물을 얼리려면 영하로 온도를 내리는 것 외에도 물 분자가 결정을 이룰 수 있도록 도와주는 응결핵이 필요하다. 예를 들어 영하 20도인 과냉각수가 있을 때 그 안에 바늘을 넣으면 과냉각수는 눈 깜짝할 사이에 얼어붙기 때문에 바늘을 다시 빼내는 게 불가능하다. 바늘이 응결핵 구실을 한 것이다.

만약 구름에 있는 물방울이 과냉각 물방울이라면 아주 작은 먼지나 침엽수의 가시 같은 잎이 닿는 순간 얼어붙고 만다. 한 번 얼어붙으면 주변에 있는 물방울도 그곳에 닿는 순간 얼어붙어서 깃털 같은 얼음이 생긴다. 그러다 그 위에 눈이 와서 들러붙고 또 과냉각 물방울이 와서 들러붙으면 침엽수의 원래 모습은 온데간데없고 커다란 얼음 괴물이 떡하니 나타난다. 이렇게 덕지덕지 붙은 눈의 양은 어마어마해서 나무 밑에 있다가 한꺼번에 쏟아져 내리는 눈에 깔리기라도 하면 누가 도와주기 전에는 나올 수도 없으니 조심하는 것이 좋다.

전나무에 들러붙은 것이 구름의 일부분이라는 사실을 처음으로 알아낸 사람은 스웨덴의 기상학자 토르 베르예론^{Tor Bergeron}이다. 그는 노르웨이 오슬로 부근 산 위에 있는 리조트에서 휴가를 보내며 아침마다 산책을 했는데, 0도 이상인 포근한 날에는 항상 안개가 끼어 전나무가 보이지 않지만 영하 10도 아래로 내려간 추운 날에는 나무 높이까지 안개가 걷혀 나무둥치가 보인다는 사실을 발견했다. 아울러 그런 날이라도 나무 위에는 여전히 안개가 끼어 하늘을 볼 수 없

227

다는 사실도 알아챘다.

그는 구름 속 과냉각된 물방울들이 전나무 가지에 부딪혀 얼어붙으면서 시야가 밝아졌을 것이라 추측했다. 전나무가 작은 물방울을 끌어당겨 시야를 가리던 물방울이 제거됐다고 생각했다. 마치 자석이 쇳가루를 끌어당기듯이 말이다. 베르예론은 이 현상을 바탕으로 '차가운 구름에서 생성되는 강수' 이론을 만들었고, 이는 오늘날까지 중요한 강수 이론으로 평가받고 있다.

기상학에서 가장 중요한 강수 이론이 휴가를 보내며 산책하던 도중에 우연히 발견한 현상이라니, 베르예론이 운이 좋았다고 할 수도 있다. 하지만 그 리조트에는 다른 사람들도 많이 있었고, 이런 현상을 본 사람들이 한둘은 아닐 것이다. 누구나 볼 수는 있지만 그로부터 누구도 생각지 못한 일을 생각해내는 사람이 진짜 중요한 과학적 발견을 한다.

스키를 신고 자오의 얼음 괴물들 사이를 유유히 미끄러져 내려오면서, 무언가를 깊게 생각한 사람만이 가지는 기회에 대해 생각했다. 베르예론은 운이 좋아서가 아니라, 그것에 대해 24시간 생각했기 때문에 과냉각수의 응결에 관한 해답을 찾았다. 그에겐 그럴 만한 자격이 있었던 것이다.

이런 생각을 하다 하얀 괴물 옆을 아슬아슬하게 지나갔다. 하마터면 부딪힐 뻔했다. 순간 눈 쌓인 전나무가 진짜 괴물처럼 보였다.

'아하! 히말라야의 전설적인 설인雪人, 예티Yeti가 이렇게 나온 것이구나!'

4

프리다 칼로가 고른 코발트블루

멕시코시티에서 택시를 타고 블루 하우스로 가자고 하면 영어를 못하는 택시 기사라도 얼른 알아듣고 그 집 앞에 데려다준다. 파란 집이라니, 도대체 얼마나 유명한 집이기에 멕시코시티의 택시 운전사들이 모두 알고 있을까?

블루 하우스의 정식 명칭은 '프리다 칼로 박물관'이다. 이곳은 짙은 눈썹과 강렬한 인상으로 잘 알려진 프리다 칼로가 살던 집이다. 남성이 주도하는 멕시코 예술계에서 페미니즘의 바람을 거세게 일으킨 칼로는 멕시코뿐 아니라 세계 미술사에서도 빼놓을 수 없는 인물이다. 파란만장한 삶 자체가 드라마인 칼로는 집도 예사로 두지 않았다. 담벼락을 파란색으로 칠해서 그녀의 집에 블루 하우스라는 별칭이 생겼는데, 프리다가 죽은 후에는 그녀의 삶을 기록하고 보존하는 박물관으로 변신했다.

택시 기사가 내려주는 곳에 서서 주변을 두리번거리다

보면 별다른 표지판이 없어도 칼로가 살았던 집을 금방 찾을 수 있다. 진짜로 파란색 담으로 둘러싸인 집이 보인다. 그냥 파란색이 아니라 눈이 시린 코발트블루다. 이 집을 보는 사람들은 누구나 이런 생각을 하게 마련이다.

'이런 파란색을 집에 칠하는 사람도 있구나!'

또 이런 생각도 든다.

'프리다는 왜 코발트블루를 골랐을까?'

서양의 예술가들은 14~15세기 무렵 중앙아시아에서 채굴한 '라피스라줄리Lapis lazuli', 우리말로 청금석이라 불리는 돌을 갈아 풀과 섞어 파란색 물감을 만들었다. 청금석을 이루는 분자는 나트륨, 알루미늄, 규소, 산소, 황인데, 그중 황을 기반으로 한 화합물 덕분에 깊은 바다와 같은 색이 나서 이 물감에는 '울트라마린'이라는 이름이 붙었다.

매우 아름다운 색을 띠는 청금석은 생산량이 많지 않을뿐더러 부수고 가는 데 공이 많이 들기 때문에 울트라마린 물감은 무척이나 비쌌다. 그러나 돌을 갈아 만든 것이라 입자가 굵어 매우 독특한 질감을 얻을 수 있는 것은 물론이고, 그 어떤 재료로도 표현할 수 없는 기품 있는 파란색을 얻을 수 있다. 당연히 화가들은 빚을 내서라도 이 물감을 사고 싶어 했고, 비싼 물감을 아무 곳에나 칠할 수 없었기에 성모마리아의 긴 가운을 칠하는 데 주로 썼다.

하지만 비싸고 귀한 울트라마린 물감을 유명하지도 성스럽지도 않은 처녀의 머릿수건에 듬뿍 칠한 이가 있으니, 그가 바로 요하네스 베르메르^{Johannes Vermeer}다. 그는 울트라마린을 사느라 파산에 이르렀지만, 그 덕분에 〈진주 귀고리를 한 소녀〉는 오늘날까지 남아 지금 이 순간에도 사람들 입에 오르내리고 있다. 결과적으로 돈을 제대로 잘 투자한 셈이다.

그렇다면 울트라마린이 나오기 전에는 어떤 파란색을 썼을까? 식물에서 얻은 '인디고'가 있기는 했다. 하지만 인디고는 너무 쉽게 변색돼 오래 보관할 그림을 그리는 데 적합하지 않았다. 화가들은 변색하지 않고 비싸지도 않은 파란색이 필요했다.

이와 같은 요구를 파악하고, 색소 개발이 아주 좋은 사업 아이템이라는 사실을 알아차린 18세기 화학자들은 싸고 대량생산이 가능한 파란색을 만드는 데 열을 올렸다. 그 결과 철을 기반으로 한 탄소와 질소 화합물인 '프러시안블루'를 합성하는 데 성공했다. 이제 화가들은 싼 인디고와 엄청나게 비싼 울트라마린 사이에서 고민할 필요가 없게 되었다. 이것들을 대체할 훌륭한 색소가 나왔기 때문이다.

프러시안블루에 대한 소문은 삽시간에 퍼졌다. 실크로드를 오가는 낙타 상인들 역시 이것이 매우 큰 이문을 남기는 상품이라는 사실을 알아챘다. 그 덕분에 물감은 일본까지 전해졌고, 가쓰시카 호쿠사이葛飾北斎의 손에도 들어갔다. 그는 일본 해안을 강타해 수많은 생명과 재산을 앗아간 거대한 쓰나미를 그리면서 이 이국적인 파란색을 아끼지 않고 썼다. 이 작품이 바로 〈가나가와 해변의 높은 파도 아래〉다. 그가 그린 파도가 오늘날 다양한 곳에 패러디되어 쓰이는 것만 봐도 호쿠사이 역시 돈을 제대로 잘 쓴 셈이다.

19세기에 이르러서야 프랑스 화학자 루이 자크 테나르Louis-Jacques Thenard가 산화코발트를 알루미늄과 혼합한 뒤 가열해서 눈이 부신 '코발트블루'를 발명해냈다. 1807년에 코발트블루가 상용화되자 인상파 화가들은 외쳤다.

"어머, 이건 사야 해!"

이 색감을 본 화가들은 지갑을 열지 않을 수 없었다. 마침 시대가 변해 화가들은 문을 박차고 집 바깥으로 나와 눈부신 햇살 아래서 자주 그림을 그렸는데, 코발트블루는 바로 그런 시대상과도 잘 맞아떨어지는 파란색이었다. 한마디로 코발트블루는 화가들 사이에서 '잇아이템'이었다.

파리의 문화 리더인 인상파 화가 윌리엄 터너, 클로드 모네, 빈센트 반 고흐 등이 코발트블루를 사용해 그림을 그렸다. 트렌드에 민감한 프리다 칼로가 자신의 집 담벼락에 코발트블루를 칠한 것은 어찌 보면 당연한 일이었다. 코발트블루는 당시 가장 핫한 예술가들의 아이콘이었으니 말이다.

20세기에는 코발트블루를 넘어서는 색다른 파란색이 발견되지 않았다. 그러다 21세기에 들어서서 아주 우연히 새로운 파란색이 발견되었다. 2009년 한 무리의 과학자들이 연구차 망간, 이트륨, 인듐과 몇 가지 화합물을 가열했는데, 뜻하지 않게 새로운 파란색 색소가 나타났다. 과학자들은 여기에 원소기호 앞 글자를 따서 'YInMn블루'라는 이름을 붙였다.

부르기가 까다롭긴 하나 이 파란색의 장점이라면 독성이 없고 반사성과 내구성이 좋아 건축물 외벽을 칠하는 데도 아주 좋다는 점이다. 페인트에 적합한 색소라니!

생각해보면 이 색소를 발견한 과학자들은 정말로 페인트를 만들어 돈 벌 생각은 애초에 안 했던 것 같다. 색소 이름을 저렇게 지은 걸 보면 말이다.

문득 궁금해진다.

'프리다 칼로라면 YInMn블루를 썼을까?'

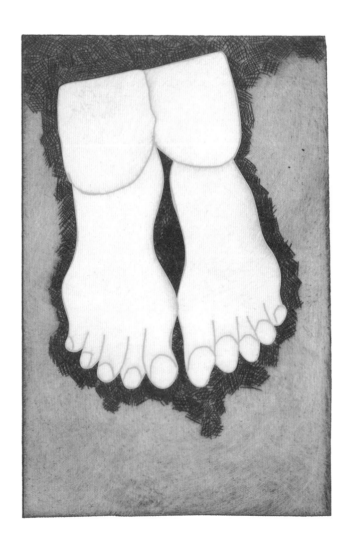

발리의 발 마사지

마사지사가 생글생글 웃으며 아무런 효과도 기대할 수 없을 것 같은 세기로 내 발을 주무르고 있다. 발 마사지 숍에 대한 아무런 정보도 없이 길을 가다가 본 광고판에 이끌려 무작정 들어섰을 때, 나는 하루 종일 댄스 공연 때문에 몹시 피곤한 상태였다. 아, 물론 공연장을 찾아 헤매느라 피곤했다는 뜻이지 내가 댄스 공연을 했다는 뜻은 아니다.

인도네시아에서 꼭 봐야 할 댄스 공연 세 가지를 꼽으라면 케착, 레공, 바롱이 있다. 케착댄스는 100여 명의 남성들이 불을 중심으로 둥글게 모여 앉아 악마를 쫓는 의식을 공연으로 만든 것으로, 의식 내내 '케착'을 외치기 때문에 케착댄스라고 한다. 원초적인 힘을 느낄 수 있는 이 춤은 영화 〈아바타〉에 나오는 파란색 외계인들이 신비의 나무 아래서 치르던 의식과 아주 비슷하다. 레공댄스는 발리의 궁중무용으로, 주로 세 명의 무용수가 화려한 의상을 입고 춤을 춘다.

바롱은 여러 동물의 얼굴을 가진 초자연적 존재를 이르는 말로, 바롱 역을 맡은 무용수는 커다란 탈을 쓰고 춤을 춘다.

내용, 의상, 음악이 저마다 다른 이 세 가지 춤에는 확실한 공통점이 하나 있다. 바로 맨발로 춤을 춘다는 것이다.

인간이 수십 킬로그램에 달하는 체중을 오로지 두 발에 맡긴 채 까치발 들기, 한 발로 서기, 뒤꿈치 찍기, 뛰어오르기를 할 수 없다면 각 지역마다 전통을 자랑하는 춤이 생길 수 없었을 것이다. 전통춤의 손놀림이 아무리 현란해도 발이 제 역할을 하지 못하면 춤을 출 수 없다. 이를 증명이라도 하듯 전통춤은 대부분 맨발로 춘다.

사실 인간이 두 발로 서 있는 것은 매우 신기한 일이다. 위아래로 긴 물체가 쓰러지지 않고, 심지어 이동까지 하는 것이 신기하지 않은가? 모두 지구가 끌어당기는 중력에 맞서 끊임없이 균형을 유지하려 애쓰는 뼈와 관절과 근육이 있기에 가능한 일이다.

인간의 발은 발목, 발허리, 발가락 세 부분으로 나뉘는데, 한쪽 발에는 26개의 뼈가 있다. 이 가운데 발허리뼈는 발뼈 중 가장 길고, 가운데 부분이 약간 휘어 위로 솟아나 있다. 이를 두고 발뼈에 세로 아치가 있다고 한다. 다섯 개의 발허리뼈는 엄지발가락에서 새끼발가락까지 평평하게 배열되어 있지 않고 이것 역시 아치 모양으로 배열되어 있어, 앞에서 보아도 아치 모양이 그대로 살아 있다. 이것이 가로 아치다.

인간이 그다지 넓지 않은 땅 면적을 밟고 우뚝 설 수 있는 것은 발에 앞뒤 좌우로 살아 있는 아치 모양 구조 덕분이다. 과학자들에 따르면, 세로 아치는 발에 주어지는 힘 중 23%를, 가로 아치는 40%의 힘을 담당한다고 한다. 그러니 이 구조가 무너지면 똑바로 서거나 균형을 잡을 때, 또 걸을 때 아주 애를 먹게 된다.

발뼈와 종아리 근육을 이어주는 아킬레스건 또한 매우 중요하다. 인체를 구성하는 모든 기관이 뭐 하나 중요하지 않은 것이 없겠지만 아킬레스건이 없으면 발을 전혀 쓸 수 없기에 설 수도 걸을 수도 없다. 또 방향을 트는 일도 할 수 없다. 당연히 춤은 꿈도 못 꾼다. 이렇게 중요한 아킬레스건은 노화가 빨라 몇 가닥이 끊어지기도 하는데, 이를 방지하려면 수시로 스트레칭을 해주는 것이 좋다. 평소에 느껴지지 않던 발뒤꿈치가 느껴지면서 묵직하게 아픈 족저근막염을 예방하는 것도 아킬레스건을 탄력 있게 유지하는 방법이다.

춤추는 걸 보면 화려한 의상과 현란한 몸동작에도 눈이 가지만, 유독 무용수들의 긴 발에 눈이 가는 건 왜일까?

춤이란 신체의 정교한 움직임이고, 신체는 물질로 이루어져 있다. 그리고 모든 물질은 중력의 영향을 받는다. 특히 지구상에 있는 물질은 지구 중력을 거스를 수 없다. 지구는 모든 것을 지표에 납작하게 붙들어놓는다. 결국 춤이란 모든 근육이 지구 중력을 이기고 몸을 세우려는 의지를 예술로 승화한 것이다. 중력과 근육과 뼈 사이에서 벌어지는 끊임없는 밀고 당기기, 그것이 춤이다.

발 마사지사가 너무 대충하는 것 같아 그 느낌을 지우려고 이런 생각에 빠져 있을 때, 마사지사가 뭐라고 하며 내 발을 툭툭 친다. 마사지가 끝났다는 뜻이다. 상반신을 일으켜 내 발을 보았다. 발 한가운데가 쏙 들어간 것이 뭔가 생기 있어 보인다. 발에 표정이 있다고 생각하다니, 참 신기한 일이다. 땅바닥에 발을 내딛으니 몸이 가뿐하다.

중력! 네가 아무리 날 끌어내리려 해도 나는 이렇게 서 있다, 뭐 이런 느낌이라고나 할까.

마사지사를 쳐다보니 여전히 생글생글 웃고 있다. 저 마사지사가 꽝은 아니었나 보다.

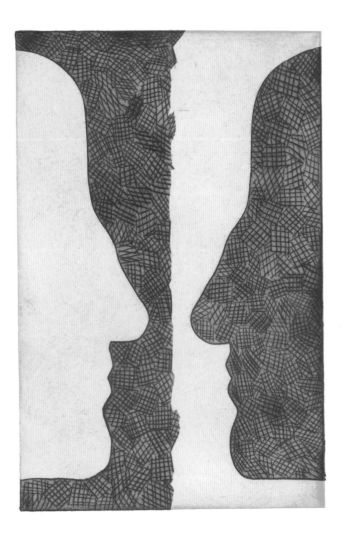

카파도키아와 화산탄

　카파도키아는 터키의 내륙 중앙부 아나톨리아 고원에 있는 지역으로, 화산재 사이에 둥근 화산탄이 샌드위치처럼 끼어 있는 상태로 굳은 응회암 지대가 지평선 끝까지 뻗어 있는 곳이다. 오늘날에는 주로 관광객들이 찾는 곳이지만, 옛날에는 카라반이 묵어가는 실크로드의 주요 정거장 중 하나였다. 상인들은 유럽 각지에서 다양한 상품들을 챙겨 이스탄불을 지나 이곳에서 묵은 뒤 우리나라 경주까지 왔고, 되돌아갈 때는 우리나라나 중국에서 비단 등 귀한 물건을 사서 이곳을 지나 로마까지 갔다.

　요즘은 비행기를 타고 12시간이면 갈 수 있는 거리지만 200년 전에는 편도로만 1년 가까이 걸리는 매우 먼 거리였다. 그 과정에서 상인들은 도적을 만나 물건을 빼앗기고 목숨을 잃기도 했으니, 동양에서 가져온 비단 한 필에는 상인의 목숨과 시간에 해당하는 값이 매겨질 수밖에 없었을 것이다. 그러니 비쌀 수밖에.

한국과 중국을 거쳐 이곳으로 향하는 상인들은 멀리서 버섯을 닮은 바위가 보이면 카파도키아가 가까워지고 있음을 알아차렸다. 동시에 보스포루스 해협이 멀지 않았으므로 한 달 정도만 고생하면 유럽 땅을 밟을 수 있겠다는 안도감을 느꼈을 것이다.

높이가 10미터가 넘는 이 버섯바위들은 갓 부분은 현무암으로 이루어져 있어 검은색인 반면, 몸체 부분은 응회암이나 석회암으로 이루어져 있어 흰색에 가까운 회색을 띤다. 이곳에 이런 바위들이 많이 생긴 것은 수만 년 전부터 이 근처에 화산이 있었기 때문이다. 화산은 화산재를 풀풀 날리고 화산탄도 토해냈다. 화산탄이란 사람 머리만 한 용암덩어리가 날아오면서 땅에 떨어져 딱딱하게 굳은 것인데, 화산 근처에 가면 어렵지 않게 볼 수 있다. 30~40년 전에는 제주도 한라산에서도 찾아볼 수 있었지만, 사람들이 신기하다며 다 주워가는 바람에 이제는 찾아볼 수 없다.

화산탄과 화산재가 내려앉아 응회암층이 형성된 후 화산이 본격적으로 용암을 쏟아내면 그것이 굳어서 그 위에 검은 현무암층이 생긴다. 이후에 비가 오고 바람이 불어 땅이 깎이면 응회암이나 석회암은 현무암보다 물러서 잘 깎여나가지만 현무암은 그보다는 덜 깎여나간다. 그 결과 오늘날 카파도키아에서 볼 수 있는 목이 잘록한 버섯바위가 생겨난 것이다.

화산탄에 관한 일화라면 어느 화산학자가 해준 이야기가 떠오른다. 하와이 킬라우에아 칼데라 바로 위에서 만난 이 화산학자는 당시 지진계 같은 기기를 열심히 들여다보고 있었다. 그에게 무얼 하느냐고 물으니 땅이 흔들리는 정도를 측정하고 있다고 대답했다. 그러면서 이야기하기를, 지금 이 순간 이 기계가 마구 흔들리면 곧 용암이 터져 나온다는 뜻이고, 그때 조심해야 할 게 바로 화산탄이라는 것이었다. 왜냐하면 용암이 쏟아져 나오면 이미 피하기는 늦었으니 그냥 죽는 수밖에 없지만 다행히 화산탄만 날아온다면 충분히 피할 수 있기 때문이다. 그러면서 화산탄을 피하는 방법을 알려주었다.

"저 분화구에서 화산탄이 날아오면 돌아서서 도망가지 말고 화산탄을 똑바로 보세요. 만약 화산탄이 내 머리 위로 멀리 지나가거나 내 옆으로 지나가면 그냥 그 자리에 가만히 서 있으면 돼요. 하지만 만약 화산탄이 곧장 내 쪽으로 오면 어떻게 해야 할까요?"

그는 고무줄 놀이를 할 때처럼 폴짝 뛰어 바로 옆으로 한 발 움직였다.

"이렇게 하면 돼요. 간단하죠? 화산탄은 조금 전에 내가 서 있던 그 자리에 떨어지고 나는 안전해요! 절대 뒤돌아서 도망가면 안 돼요. 화산탄이 뒤통수를 칠 수도 있거든요."

내 평생 절대 써먹을 일이 없을 것 같은 팁이었음에도, 나는 이 대화에서 큰 깨달음을 얻었다. 나를 죽일 수 있는 무언가가 날아와도 절대 시선을 피하지 말고 똑바로 맞서자. 그리고 그것이 내 눈앞에 왔을 때 폴짝 뛰어서 바로 옆으로 가라! 이거야말로 인생의 '깨알 팁' 아닌가!

그렇다면 이 깨알 팁을 목이 잘록한 카파도키아의 버섯 바위 아래 있다가 운 나쁘게 버섯 머리가 떨어질 때 사용해 보면 어떨까? 음, 아무래도 그건 좀 곤란할 것 같긴 하다.

UNIVERSE
우주에서 기록된 것들

PLANT

초록빛이 주는 위로

ANIMAL

내가 사랑한 동물들

EARTH
가장 빛나는
행성에서의 시간

GEOLOGY
흔들림과 떨림,
기다림 사이에서

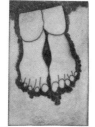

저기 어딘가 블랙홀

© 이지유, 2020

초판 1쇄 인쇄 2020년 5월 22일
초판 1쇄 발행 2020년 5월 28일

지은이	이지유
펴낸이	이상훈
편집인	김수영
본부장	정진항
편집1팀	김단희 권순범
마케팅	천용호 조재성 박신영 조은별 노유리
경영지원	정혜진 이송이

펴낸곳	한겨레출판(주) www.hanibook.co.kr
등록	2006년 1월 4일 제313-2006-00003호
주소	서울시 마포구 창전로 70(신수동) 화수목빌딩 5층
전화	02) 6383-1602~3 팩스 02) 6383-1610
대표메일	book@hanibook.co.kr

ISBN 979-11-6040-389-3 03400